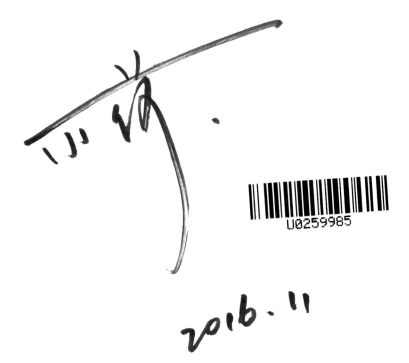

2016.11

小荷的下午茶

 小荷 著

TEA
TIME

中国中福会出版社

图书在版编目（CIP）数据

小荷的下午茶 / 小荷著. -- 上海：中国中福会出版社，2016.7
ISBN 978-7-5072-2292-0

Ⅰ.①小… Ⅱ.①小… Ⅲ.①婴幼儿 – 哺育 Ⅳ.
①TS976.31

中国版本图书馆CIP数据核字(2016)第160126号

小荷的下午茶

小荷　著

特邀策划　　简　平
策　　划　　陈　苏
责任编辑　　曹　颖　张　蕾
美术编辑　　钦吟之　张工睿
技术编辑　　陈　浩
装帧设计　　钦吟之

出版发行：中国中福会出版社
社　　址：上海市常熟路157号
邮政编码：200031
电　　话：021-64373790
传　　真：021-64373790

经　　销：全国新华书店
印　　制：上海昌鑫龙印务有限公司
开　　本：1800mm×2000mm 1/24
印　　张：10
字　　数：100千字
版　　次：2016年8月第1版
印　　次：2016年8月第1次印刷

ISBN 978-7-5072-2292-0/T・8　　　定价 38.00元

180×200

TEA
TIME

　　我有两个孩子，一个是女儿小南瓜，一个是主持的电视节目《小荷的下午茶》。

　　说起来，这两个孩子几乎是同时孕育、同时诞生的。怀上小南瓜之后，我突然发现自己遇到了不少以前从未遇到过的问题和困惑，甚至是困难和挑战，想到还有许许多多妈妈不管家庭背景、知识结构、经济状况有何不同，但她们所面临的境况其实都是和我一样的，所以，便有了从《欢乐蹦蹦跳》转型去做一档亲子类电视节目的激情和愿望。就这样，随着小南瓜呱呱坠地，《小荷的下午茶》也同时"出生"了。

　　能与天下的妈妈一起分享育儿经，这真是一件美丽之极的事情。

下午茶菜单

TEA
TIME

下午茶菜单

TEA
TIME

下午茶菜单

TEA
TIME

愿我一生的旅途中都有你
——在亲子旅行中了解彼此

我到底有多爱你，
我是多么珍惜与你走过的那些跌宕的路、
看过的那些美好的风景。
我希望我一生的旅途中，永远有你。

宝宝，我想给你诗与远方

二十多岁时，我努力是为了成就感，为了实现自己的理想；有了宝宝之后，那个小东西就成了我人生的最高理想。

这话说起来有些俗套，却又不可避免。做爸妈的，努力地生活，摆脱了眼前的苟且，无非是希望自己有能力谈论诗与远方，无非是希望所有的远方都能有宝宝的参与。

小南瓜还没出生，我就计划好了要带她去很多很多的地方，看很多很多的风景。抚摸着肚子里的小南瓜，我翻开地图做起攻略。准妈妈或当了妈妈的人好像就是这样的，总是情不自禁地为宝宝计划好五年、十年甚至二十年之后的生活。

满满当当的旅行计划摆在眼前,我有些心痒难耐,只盼着小南瓜出生了。

看我热火朝天的样子，有朋友问我，为什么一定要劳民伤财地出去旅行呢?

是呀，网络多么便捷，上一秒你在北海道，下一秒你就可以登上乞力马扎罗山峰。可是，我不仅仅希望小南瓜知道海是蓝色的，又或者背出某座山峰的海拔是多高，我还希望她能真切地感知海水的气息与触觉，领略"一览众山小"是怎样的壮阔。世界在她心里不再止步于一个名词，抑或是一张图片，当她和她的伙伴们聊起世界上的某一处远方，她能优雅地侃侃而谈，因为她曾经在我的陪伴下去过那里。

在看似玩乐的旅途中，她会像认识幼儿园的一个小伙伴那样，亲口与这个世界交谈，亲手抚摸这个世界的脸颊，亲自对我说："妈妈，我喜欢这个世界。"

回忆是旅行最好的奖赏

在我看来，最好的旅行，是当某一天你回想起世界上的各个角落，可以欣慰地告诉自己，我曾经把自己人生的某个细小的片段当作礼物留在了那里，与那里结下了美好的缘分。

这一两年间，我陪着小南瓜走过了不少国家、城市，我总是带着她在当地最生活化的道路上散步，吃当地的食物，跟当地的人说话，哪怕永远只会说"hello"。

我不想让旅行有太多的功利心，所以我从不把旅行当作一个课外补习班，不会赋予它更多的意义。我只想创造一次机会，让小南瓜跟陌生的国度友好地相处。

每次出去旅行，我都会带着小南瓜去看看当地人穿的特色服饰，跟他们坐在一起吃饭，听他们口中陌生的语言里暗藏着怎样的风情。

我还带她去了很多博物馆，我想，她值得去认识一下那里的历史。我尤其喜欢领她去看看当地大人物的雕塑，这个时代是被人推动着前进的，而那些大人物，就是历史洪流中的惊叹号，从他们身上入手去了解一段旧日时光，想必是再合适不过的了。

我还想到了钱币。我跟小南瓜一起了解当地钱币的文化，以及兑换规则。钱币上的图案书写着历史，而兑换规则代表着现在。国家的变迁，强弱的更替，全都在一张薄薄的钱币上昭然若揭。

这些名人、钱币、物件、食物、街道、语言，就是一座城市的细节。

一场美好的旅行，应该是由这些细节构成的。

旅行是检验合格父母的标准

所有带宝宝出去旅行过的父母，大概都会在旅途中感到身心俱疲。

起初，小南瓜搭飞机也特别不适应，哭闹个没完，我只好涨红着脸跟周围的乘客们道歉。其实我特别能理解小南瓜。每次飞机起飞，她都会跟我说，妈妈，我耳朵不舒服。

后来我想到了一招。

登机之前，我就准备好她最喜欢喝的酸奶，等到她快要哭闹时，便赶紧掏出酸奶给她，咽酸奶跟咽口水是一回事儿，不一会儿她就不再感到不适了。

除此之外，但凡出远门，我都会带上小南瓜的海星被被，那条给了她许多安全感的小毯子，在旅途中同样具有非常大的作用。

这么多次旅行下来，我终于明白，带宝宝出去旅行，旅行攻略里除了路线和酒店机票，还得预料到宝宝在旅途中会发生什么样的问题，并用一些小妙招巧妙化解。

有人说，旅行是恋人是否可以结婚的检验标准。我想，旅行同样也是合格父母的检验标准。在旅途中跟孩子"干仗"的过程里，你会了解到孩子的方方面面，同样也可以明白该怎样做一个好爸妈。

这大概就是旅行对于亲子之间的意义。

我希望我的每一段旅程中，永远有你。

奶茶留言板

洋洋爸爸　我在台湾旅行的时候碰到一对父子在骑单车环岛，我就问这个爸爸，现在应该是学校上课时间为什么你们在环岛？这个爸爸说：我的小孩被学校退学了，我反省自己，因为我没有带他看这个世界的真善美，所以他才会学坏。这事给我很大感触。

瞳瞳妈妈　我和女儿有一次去爬山，到了山顶，我无心跟我女儿说了一句话：瞳，我会永远记得你陪我登到山顶。那句话也是随便一说，我以为事情就这么过去了。下山的时候，女儿不知道为什么要我抱，走了两步我不高兴了，在我要生气的时候，我女儿忽然对我说：妈妈你忘了吗？当你生气的时候会想到我曾经陪你到过山顶。我当时特别感动。

天天妈妈　有次我们去日本，食物很丰盛，可小朋友什么都不吃，我和我老公都很生气，说这么好吃的东西你为什么不吃呢。最后外公说你们大人是在用自己的价值观要求她，小孩子不觉得这些好吃。

多多妈妈　旅行时，我给女儿准备很多玩具，每天拿出一个，这样她会觉得很惊喜，而且她可以交到很多小朋友，即使语言不通。

大咖说

赵婷婷 "爸妈营"创始人

亲子游，游的不是风景，是亲子感情。

现在的爸妈们，大多数都比较喜欢带孩子周末去哪里走走逛逛玩玩。有时候小住一晚，有时候当天来回。这在行业里面，称之为"亲子游"。

如果你喜欢带孩子去亲子酒店小住一晚，简简单单走走停停，那么这里分享一点点亲子游小窍门吧。

一、怎么挑选亲子酒店呢？

1. 酒店平坡多，少台阶，孩子走起来方便，推童车也方便，孩子跑起来也安全。这点是大家经常容易忽视，但又很关键的一点。

2. 一定要问一下酒店的房间里面的床。如果床 1.2 米宽，那就要双床房。如果是 1.4 米宽的大床房，那么爸妈带着孩子睡一张床的话还是挺挤的，可能要给孩子加床。

3. 酒店里最好要有儿童乐园、儿童设施，如果有儿童看管服务当然就说明这是比较专业的亲子酒店啦，有了这些，爸妈们起码可以轻松喝上一杯悠闲的咖啡！

4. 酒店如果可以提供一些儿童用品，说明酒店细节服务很亲子。最简单的是餐厅的餐具餐椅，服务周到的还有房间里的儿童拖鞋浴袍，甚至是儿童洗漱用品、脚凳等。

二、带孩子去亲子游，除了日用品，其他最好带些啥？

1. 让孩子安静下来的东西。

(1) 比如孩子喜爱的玩偶，这个主要是在车上用的。

（2）最管用的是那些旅行版的脑力书、涂色书、小手工书，超级打发时间，瞬间让孩子安静下来，这个主要是在酒店里用的。

2. 让孩子美美的东西。

（1）亲子游一定要拍照嘛！所以带些上镜效果特别好的东西，比如帽子啦，墨镜啦，小雨伞啦，不带保管你后悔！

（2）上面说的玩偶，这时候也特别管用，上镜会让孩子显得很自然，不会永远是剪刀手。

主厨推荐
米饭汉堡包

魏瀚

活跃在生活与美食圈的
时尚偶像派厨师

推荐理由：

　　亲子游最容易出现"玩得开心，吃得敷衍"。所以自制的米饭汉堡包，既可以补充到米饭的碳水化合物，还有各种新鲜的蔬菜和肉类补充维生素，不仅美味健康，更不用担心旅途中的不洁食物有拉肚子的风险。下次出行，就带着米饭汉堡包出发吧！

所需食材：

　　米饭、薯泥、番茄、芝士片、生菜、火腿片、色拉酱。

制作步骤：

步骤一：按压米饭，用模具压出圆形，作为汉堡的上下层。

步骤二：用模具将薯泥压出圆形后，放入油锅煎炸。

步骤三：分别将芝士片、生菜、番茄及火腿片压出圆形。

步骤四：将所有食材堆砌摆放成米饭汉堡，淋上色拉酱加以点缀。

让幸福 ×2 的方法
——家有二宝

家里若是有了第二个宝宝，
生活里的一切就都翻倍了。
翻倍的烦恼，翻倍的投入，翻倍的快乐。
这世上，从来就没有不劳而获的幸福。

11

双倍的幸福，双倍的烦恼

聚餐的路上，我问我们的节目导演：饭饭，都开放二孩了，什么时候再给家里添个宝宝？导演欧巴说，这刚被大宝磨得够呛，哪还有精力去生二胎？

我其实特别羡慕那些有两个宝贝的家庭。

现在的小孩子太孤单了。每一次我看见小南瓜待在家里，默默地玩着玩具，有时候自己分饰多人玩过家家，就觉得好可怜。

虽然我们小时候可以玩的东西不怎么多，但能一起玩的人很多呀！在院子里一嚷嚷，小朋友们都跑出来了。

于是我时常幻想，如果家里有两个孩子，他们就可以一起去学习新东西；难过又不愿意跟爸爸妈妈说的时候，世界上有一个知己可以和自己对话；成长的路上，风风雨雨，一起打着伞也能免于被风卷跑；从私心的层面来说，我牵着两个娃出门去 shopping，也是很嘚瑟的事情呀。

这样一想还真是美妙，幸福感似乎翻倍了。

可那些想生二娃的爸妈们，又有很多悬而未决的事需要考虑清楚。毕竟，生娃不是买个包啊。

想生二娃的夫妻会考虑，养两个孩子要花多少钱？有生二娃计划的夫妻也会考虑，生了两个孩子，能给他们同样充沛的爱吗？相比起钱，这个似乎也很重要。

两个孩子，双倍的幸福，自然也要有双倍的烦恼。但一想，这个世界上有一个跟宝宝同根同源的弟弟或妹妹，可以在未来陪伴着彼此，很多爸妈还是咬咬牙决定迎来第二个宝宝。

有了二宝，大宝就学会了吃醋

不过永远别武断地认定大宝一定会买账，哪怕你这样做真的是对的，可在大宝真正了解到亲情可贵之前，都可能认为你这样做是因为不爱他了。

很多小孩儿对于弟弟妹妹，是很抗拒的。我有个同事最近准备生二宝，于是去征求女儿的意见。女儿听说这事有些闷闷不乐，磨蹭了半天来了句："那你只能生个弟弟啊，要是生个妹妹比我漂亮我会不高兴的！"

你瞧大宝有多会吃醋呀。

另一个朋友则是刚刚诞下了二宝。二宝来到家里，家人蜂拥而上，把大部分的注意力都放在了这个崭新的小生命身上。她家大宝果然不高兴了，变得少语内向，有时甚至和大人"对着干"。老二有的东西，老大也要。老二要吃什么，老大就偏要吃别的东西。总的来说就是对着干，有的时候老大还会惹老二，如果批评他就满腹委屈直掉泪。

其实朋友也知道，老大有种种反常行为，是因为他感觉自己失宠了。可这也没办法，老二刚出生不久，总是要多花时间去照料的。对于老大的种种不配合，她分外头疼。

我相信这个朋友能成为一个非常好的妈妈，可当下，老大不懂她的心，她也不指望一个小朋友能自行参透，所以，必须得想想办法才行。

让大宝二宝都感受到被爱的滋味

后来，朋友打来电话说，她家大宝正在帮忙给弟弟喂奶呢。

我很惊讶，之前不还是水火不容，怎么忽然间这么温馨有爱了？

原来自从上回我们小聚之后，她自我反思了一阵。其实并不是大宝有问题，问题出在了他们当爸妈的身上。

她回忆起来，有一回她正侍弄二宝睡觉，大宝非要她讲故事，她说这样会吵醒弟弟的，你是哥哥，要让着弟弟。

大宝正是爱听故事的年纪，这个要求一点儿都不过分，可是她却让大宝无条件地让着弟弟，估计就是那一回，让大宝伤心了。

所以，她特意找了一次机会，跟大宝解开了心结，并且向他保证，以后绝对不会让他一味地让着弟弟。大宝觉得终于有人能懂他的心思了，委屈地哭了一场，又撒了一会儿娇，也就没脾气了。

她去书店买了一些有关兄弟的绘本，陪大宝一起看，边看边问大宝，现在做哥哥了，想做一个什么样的哥哥之类的，还常常让大宝握握二宝的手，或是亲亲二宝。

渐渐地，大宝开始接受弟弟了，也开始像个哥哥了。

别人都说，老二是宝老大是草，她却不这么认为。

也许眼下她对两个宝宝的爱分配不均，但从长远来看，爸爸妈妈对孩子们的疼爱，大都是平等的，因为他们都是我们最珍爱的宝贝。

奶茶留言板

明明妈妈 有二胎后我老公变化很大，一胎的时候他还是个大男孩，只是回来抱一下亲一下，到二宝出生他突然意识到了身份的变化，才从大男孩成为一个爸爸。

小宝妈妈 兄弟俩小时候比现在还难区分，有时候哥哥被洗澡洗两次，弟弟没洗。如果两人要拍双人照还好分一点，拍单人照很难分，都觉得这个脸长一点可能是哥哥，那个眼睛小一点可能是弟弟。

臻臻爸爸 妹妹刚出生的时候，姐姐一度失落地认为：爸爸妈妈不爱我了。我安抚姐姐，以前只有你一个人的时候，爸爸妈妈是给予你百分之百的爱，现在生了妹妹，爸爸妈妈给予妹妹的那份爱，依然留给你30%，这样算算你不是拥有更多的爱了吗?

大咖说

高源　知名主持人

我们家的两个儿子，相差两岁半，小的出生后从医院回家，我便准备了一个球，这是弟弟给哥哥的见面礼！让似懂非懂的哥哥对弟弟产生第一份好感。有经验的人传授说有了小的，老大可能会忌妒或失落，要做好安抚工作。

经常有朋友问我你更喜欢哪一个，有偏心吗？说实话，真的没有！难道有两个以上孩子的家长必须要偏心吗？这两个男孩时而乖巧，时而调皮，一会儿让你开心不已，一会儿又折腾得你头皮发麻眼中喷火，记得录《小荷的下午茶》时两人顺着道具楼梯一路向悬空处狂奔，吓得我变声怒吼，而他们俩却异口同声告诉我：别紧张！让我哭笑不得。

早晨起床是较为痛苦的事，时间紧，任务重。我要做的就是连哄带忽悠，告诉大的说弟弟已起床，你要快点；转身再跟小的说哥哥衣服已穿好，你要抓紧了！他们吃早餐，我就在旁边碎碎念：牛奶、麦片、水果，要迟到了，快出发！每天要把同样的戏码演一遍，无论前一天多晚睡，此时是万万不可误场的，困并快乐着！

放学回家做功课则是另一场斗智斗勇，两人在不同的房间完成回家作业，我的规矩是必须两人都做完方可游戏娱乐，这叫"连坐"，于是我常常接到其中一人的投诉电话或微信，让我督促另一位抓紧了！

两人中有一个考试优异或获得各种表扬，我们便会同时给两兄弟小小的奖励，这是"一荣俱荣"，我是刻意要培养他们的兄弟情义，并且希望以后能有共同的担当！

主厨推荐 2.
一虾双吃

魏瀚

活跃在生活与美食圈的
时尚偶像派厨师

推荐理由：

　　家有二宝双倍幸福，如何同时为两个宝贝准备美食呢？菠萝油条虾与咕咾虾，来自新加坡与上海的传统美食。酸甜的口感搭配油条的酥脆，回口有虾仁的弹牙，并且有色拉酱和菠萝的清甜。作为开胃菜是极好的选择。

所需食材：

　　菠萝 1 个、虾仁 200 克、油条 2 根、番茄酱适量、柠檬半个、色拉酱。

制作步骤：

步骤一：将菠萝切开取
出果肉备用。

步骤二：油条切段，将虾仁塞入，入油
锅高温油炸，沥干待用。

步骤三：油与白糖混炒，加入番茄酱、菠萝汁并
加入虾仁和菠萝翻炒，起锅前加入柠檬汁。

步骤四：将油条虾加入色拉酱搅拌均匀
装盘；将土豆泥装盘，撒上炒肉松即可。

爱是爸爸最好的天赋
——爸爸带娃真的不靠谱吗

有一天，小南瓜长大了。

她不再随意表露对爸爸的崇拜，可能会调皮地称呼他"老头"。

然后，她像只小猫般趴在爸爸的膝头。

阳光的影子，缓缓地从他们身上漫步过去，一片静好。

那幅画面，真的很美。

19

爸爸带娃你会安心吗

"你是男子汉吗？是的话就敬叔叔一杯酒！"

这是一个老爸在酒桌上对儿子说的话，大家听了都惊呆了。虽说他们父子一向以兄弟的方式相处，但孩子尚小，再怎么崇尚野蛮生长，也不该这样胡闹呀。

其实只要你在网上输入"千万不要让爸爸单独带孩子"，随随便便就能跳出来许多照片和动图。

照片往往得拼成对比图，总而言之呢，妈妈带出来的孩子，光鲜耀人，一个个明媚得仿若圣婴。而老爸带出来的孩子，要么满身泥巴，要么脸上被可恶的爸爸恶作剧地画上了各种涂鸦。

动图就更生动了，游泳的时候把孩子一下子甩到水里啦，下雪天把巨大的雪球扔到孩子身上啦，让人看得又好气又好笑。

有时家里长辈打电话给我，问我工作的时候小南瓜怎么办。我说南瓜她爸最近刚好休息，正让他带女儿呢。长辈们一听就慌了，说，怎么能让一个男人单独带孩子呢，也未免太不靠谱了。

我问做了妈妈的同事，敢让老公带孩子吗？同事说，不知道别人家老公是怎样的，反正她家老公目前还没有带孩子的天赋。让他泡个奶吧，他自己平时是重口味，就按照自己的口味兑了很浓的奶粉，害得宝宝便秘了；让他给宝宝挂个蚊帐，等我下班回家，发现宝宝被咬了好几个包，问他这是什么情况，他说带了一天孩子太累了就睡着了，没顾得上把蚊帐挂严实。

难不成，对男人带孩子能力的质疑，大家都有同感？

被爸爸带大的孩子是什么样的

不过，我有个朋友家的孩子就是爸爸带的。

其实听朋友说起的时候，我倒是发觉爸爸带出来的娃，和妈妈带出来的还真是不一样。

朋友说，孩子他爸从小就要求孩子做事情要有计划和目标，不可以懒懒散散地过日子。

爸爸给孩子准备了一个时间表，早上几点起床，几点上学，回家后几点可以看动画片，几点要出去运动，几点睡觉，等等。

爸爸对孩子从来不娇惯。刷牙靠自己刷，玩具靠自己拿，吃饭靠自己吃，孩子一开始有些哭闹，后来却是同龄的小朋友中最快学会这些的。

孩子通过自己亲力亲为地去执行时间表，不仅生活变得规律，还特别有参与感。妈妈做饭，他就给阳台上的花草浇水；爸爸洗车，他负责拧水龙头；要是家里来了快递，他虽然搬不动，但总是主动帮忙拆快递。家里的一切，他能参与的都希望可以参与。

爸爸虽然有点严厉，但并不粗鲁，很讲技巧。比如孩子到了叛逆期了，喜欢犯错，爸爸也不会成天教训孩子，而是建立起一个奖励惩罚机制，表现得好坏，决定了你是可以得到礼物还是要去罚站。

怪不得很多人说，孩子多跟爸爸待在一起会比较聪明。这当然不是说妈妈们笨，而是妈妈们往往心太软，爸爸则可以真正地"教育"孩子。

爸爸的爱就是最好的天赋

我会常常希望女儿能多跟爸爸待在一起，我相信，每个爸爸都有带好孩子的天赋。

我固执地觉得，女孩子太过于娇滴滴的并不好，沾染一些爸爸的男子气，哪怕女汉子一点儿也无妨。这样的女孩儿，往后无论是在学校还是在职场，都会比较吃得开、受欢迎。

跟爸爸在一起，孩子会更勇敢，对于未知，也会更勇于去挑战。孩子能从爸爸身上学到的不止这些，还有不拘小节、懂得忍耐与等待、保持冷静、不感情用事，而且爸爸天生就有带孩子的优势。

忘了吗？当他们胡闹的时候我们都说过的那句话——你怎么这么大了还跟个孩子似的？

是呀，爸爸本来就是一个大孩子，总是能跟小朋友玩在一起的。

爸爸有时候有些粗线条，弄出一些小麻烦让你感到头疼，他们或许也不如妈妈细致，往往对孩子"胡作非为"。爸爸带孩子，常常让人觉得揪心，过于担心孩子的你或许早已忍不住大喊"不要让爸爸带娃"，可别忘了，爸爸和妈妈给予爱的方式天生就是不同的，但都是宝宝必须得到的成长营养。

我时常想象，有一天，小南瓜长大了，她不再随意表露对爸爸的崇拜，可能会调皮地称呼他"老头"，然后，她像只小猫般趴在爸爸的膝头，阳光的影子，缓缓地从他们身上漫步过去，一片静好。

那幅画面，真的很美。

奶茶留言板

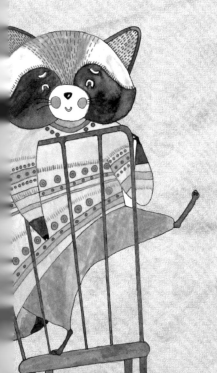

豆豆爸爸　我家里很重视传统观念，孩子2岁以前跟他讲道理讲不清楚的，就用一些小孩子能感受到的肢体语言让他明白事情的严重性。2岁以后用语言沟通，我们是哥们是朋友，所以现在家里人都镇不住他的时候我一出马就好了，我们家有个"十大恶人榜"，我位于榜首。

依依爸爸　我儿子现在4岁，2岁以前我基本没有带过孩子，从他2岁的时候我就放弃工作做了全职奶爸。特殊的部队生活让我带孩子有一点窍门，我给他订了一个计划，每天早晨七点一刻到七点半起床，自己刷牙洗脸吃早饭，我八点一刻送他去幼儿园，下午三点四十五分去接他，四点钟回来我们吃水果、点心。之后我们做户外活动，骑自行车或者他玩滑板车，然后回来吃晚饭，饭后我们做一些互动游戏，七点到七点四十五分我们去游泳。现在孩子的自理能力总体还是很强的。

喃喃妈妈　我家喃喃1岁多了，一直是她爸爸负责喂饭，陪她入睡，只有讲故事才轮到我。有一次朋友们和她开玩笑问："喃喃，你是谁生的？"喃喃大声说："我是爸爸生的。"

大咖说

夏磊　知名主持人

成为父亲而且是成为一对双胞胎女儿的父亲是我人生中最大的幸福与骄傲。陪伴太太待产让我体会到了孕育生命的不易与神奇，当我第一眼看到我的这对双生姐妹花时，我与她们的生命的链接就再也无法分离了。

我为她们取名清朗、清玥，希望她们能成为一身"清雅"的人，始终保持内心的清净、清明、清爽。朗玥的降生，让家庭生机勃勃，但生活的琐事也不同以往，我的角色一下变得无比重要：丈夫、父亲、儿子、女婿，要扮演好这些角色，让家庭更有凝聚力，我的法门只有一个"全然包容"，家里责任最大的那个人必须放低自己，包容与关心所有的家庭成员。

在这些角色中"父亲"是最具挑战的，成为一名父亲也在很大程度上深刻地改变着我。与孩子们相处，我的奶爸心经有三个关键词：陪伴、尊重和阅读。

爱孩子就一定要多和孩子们在一起，在陪伴中才能走进孩子的世界与她们对话，爱就藏在爸爸的陪伴里。但所有的父亲都会面临这样的选择：事业的发展与陪伴孩子哪个重要？我给自己的答案是：不能常与家人在一起的男人是最大的失败者。在爸爸陪伴孩子、与孩子的游戏中，父亲和孩子们的生命与情感才能完成链接，爱、学习、成长都在陪伴里。

当我们多和孩子在一起，自然就会发现，每一个孩子都是"天使"，都是完全独立的生命，作为父亲和孩子们最好的相处方式就是进入孩子的世界，尊重孩子的天性，以孩子为友、以孩子为师，尊重与平等的亲子关系其乐无穷！

在陪伴孩子的时候我最喜欢和她们做的事就是阅读，读书、读图不亦乐乎，在阅读中我也在阅读她们，她们的性情、天赋、强项和缺点，只有用心去阅读并读懂自己的孩子，我们才能帮助她们成为她们想成为的人，而不是父母想让她们成为的人。

用心成为一名好爸爸，一个更好的自己，让孩子们为你感到骄傲，与孩子们共同成长。其实一切就这么简单：陪伴、尊重、阅读，亲爱的爸爸、妈妈们让我们共勉！

主厨推荐 3.
培根吐司杯

魏瀚

活跃在生活与美食圈的
时尚偶像派厨师

推荐理由：

咸味下午茶点心特选，专门为爸爸们准备的又有肉又有鸡蛋的丰富组合，充满精力做一个优秀的奶爸吧。

所需食材：

吐司面包1只、培根若干、鸡蛋若干。

制作步骤：

步骤一：将吐司面包去边处理。

步骤二：将去边的吐司面包擀压变薄。

步骤三：将面包片上下切一小口叠成花形放入模具中。

步骤四：将培根片和鸡蛋黄放入花形面包中。

步骤五：加少许盐调味，放入烤箱，上下火190度烤15分钟。

"熊孩子"往往有一对"熊爸妈"
——当你有个"熊孩子"

爸爸妈妈是飞鸟，孩子就会有一对翅膀，
爸爸妈妈是鱼，孩子就不会怕水。
同样，如果爸爸妈妈是"熊"，
那么多半也会生出一个"熊孩子"。

他还是孩子，我就得多担待吗

长途飞行中，我最害怕遇到的就是闹腾不止的"熊孩子"。

还没有怀上小南瓜的时候，有一回飞美国，飞机起飞之后，一个五六岁模样的小男孩非要打开窗户摸云，不停吵闹，而我又特别疲惫想要休息。

我想起身去劝一劝那个小男孩，可身边的同事拉住我，说："算啦，小孩子嘛，你就多担待一下好啦。"

就因为这句话，我足足忍受了十多个小时断断续续的尖叫和哭闹。

自己做了妈妈后，我才明白，那些人们口中的"熊孩子"，往往是因为他们的爸妈就是"熊爸妈"。

飞机上那个小男孩，当他尖叫哭闹要摸云的时候，他身旁的爸爸妈妈并不是跟他讲道理、制止他，而是对他说："你开窗试试看，看你能不能摸到云！"

可能那对父母根本就没有意识到，孩子的哭闹正在严重影响着整个机舱的乘客，那么孩子又怎么能明白自己的行为是不好的呢？

很多时候，大人图省事，也不愿揽责任，便随便给喜欢搞破坏的小朋友扣上一个"熊孩子"的帽子。有没有想过，孩子的行为举止，就是父母的影子。明事理讲规矩有责任心的父母教出来的孩子，多半不会是"熊孩子"。

一定要跟孩子一般见识

那架飞机上沉默的旅客们，不愿意跟孩子一般见识，以为这样就叫宽容，却不知道，当小朋友无意识地做出冒犯他人的行为时，最应该出来指正的人，就是大人。

我在法国的一家餐厅用餐时，看到这样的一幕：

一个"熊孩子"非常不安分，把纸巾撕得满地都是，后来还打碎了一个盘子。爸爸妈妈开始低声地教导他，他终于安静下来不再说话。

临走的时候，妈妈让孩子把一张钞票放进装小费的罐子里，服务生明白他们是想赔偿盘子的钱，连忙说不用了。可那位妈妈说，孩子犯了错一定要让他明白这是需要付出代价的，虽然他自己并没有能力赔偿，但我得让他明白这一点。

现在有的餐厅会要求：如果你无法让孩子保持安静，请不要到餐厅内用餐。有的父母会埋怨餐厅丝毫不体恤做父母的有多难，可他们并不知道，保护孩子的天性是很重要，但在孩子的成长过程中，更重要的是教育，尤其是公共礼仪的教育。

当我带着小南瓜外出就餐，我会告诉她，要学妈妈这样，安静地吃饭，如果要说话，也记得要小声地说。我喜欢把孩子当作一个独立的人来对待，她并不是宠物，对宠物我才真的不需要一般见识，而对孩子，我得告诉她，这样做是不对的，我得跟她一般见识，这才是她应该得到的尊重。

父母是孩子勇敢承担错误的力量

　　每回小南瓜做了顽皮捣蛋的事，我总是按捺不住在最快的时间里劝导她，批评她。

　　有一回她情绪很坏，大概是不理解，为什么我要站在别人的立场。我说："妈妈不仅希望你知道，你有爸爸妈妈、爷爷奶奶、外公外婆疼爱你，妈妈还希望所有见到你的同学、朋友、老师，甚至是陌生人都能喜欢你呀。"

　　现在的这一代父母，大多都是独生子女。家里只有一个孩子，六个大人便百般呵护众星捧月，让孩子误以为自己就是世界的中心。孩子当然还不会分辨，在公共场所也由着自己的性子来，惹人厌烦。小的时候人家还能不跟你计较，可要是按着这样的性子长大，长大以后也多半会是个惹人讨厌的人。没有哪个惹人厌的人会获得幸福快乐的一生的。

　　我们有时严厉地管教孩子，说到底无非就是为了宝宝不被人随意扣上"熊孩子"的名号，无非是为了等到某一天，孩子需要靠自己去面对这个世界、这个世界上形形色色的人时，可以被更多人接纳，获得善意，获得温柔的对待。

　　而这一切，都要从学会承担自己的错误开始，从学会约束自己的行为开始。

　　作为一个妈妈，除了给孩子无尽的温暖，我更想给她勇敢承担错误的力量。

奶茶留言板

　　贝贝爸爸　我小时候就很"熊"，看动画片里用伞当降落伞从楼上跳下来，第二天我就拿了一把伞从我们家二楼跳下来，这就是我第一次骨折的原因。

　　糖糖妈妈　小时候我很讨厌睡午觉，有天我就发挥我的想象力，趁大家都睡着了，把整一排同学的鞋带解开，绑在后面的桌子上，为了不让他们发觉，我还特意系得松一点。老师来上课的时候班长喊起立，那一排同学瞬间都往后倒。

　　丫丫妈妈　那天在公交车上，一个孩子坐在椅子上吃点心，她爷爷背着沉重的书包站在一旁。周围乘客忍不住说了几句，不料那孩子竟委屈得大哭起来，而爷爷则一声不吭。没有熊爸妈，哪来熊孩子，小朋友还是需要教育的。

大咖说

杨瑾 亲子专家

何为熊孩子呢？熊孩子的称呼最早来源于北方口语，泛指那些调皮、不懂事儿、搞破坏的孩子。有趣的是，尽管长辈们常常无奈地指责"熊孩子"，内心却怀着无比疼爱的心情。随着网络时代的发展，"熊孩子"一词得到普及，被网友们界定为那些年纪小、缺家教、不懂事、乱翻东西、搞破坏、不守规矩的孩子。

我个人的理解，熊孩子分为两大类，第一类：正常、爱探索、爱创造的好奇宝宝；第二类：有病理性行为需诊断并治疗的宝宝。需要说明的是，熊孩子不是坏孩子的代称，因为儿童所处的年龄段和思维发展水平的局限，还未形成稳定、正确及成熟的道德判断，在此我们不做道德层面的评判。

第一类，大多数"熊孩子"是发育正常的好奇宝宝。

每个健康的孩子幼年时都犯过"熊"。比如，用嘴巴去尝试并非食物的东西；用手把家里比较珍贵的物件拆了，却装不回去了；在干净的墙壁上涂鸦；男孩子尝试用爸爸的剃须刀；女孩子把妈妈的化妆品、香水试个遍。这些行为都很正常，一点都不二，因为成年人不了解宝宝们不同的敏感期和心理发展不同阶段所侧重的心理任务，对宝贝们的行为不理解，才做出"熊"的评价。比如0-6岁阶段，婴幼儿们会经历视觉、口腔、手、空间、细小事物、秩序、自我意识、审美、色彩、语言、绘画、情感、数字、人际关系、性别及出生话题、身份确认等的敏感期，他们完成了一个敏感期的体验和探索，又会接着去完成下一个。婴幼儿精力充沛，充满好奇心与求知欲，不断地创造。父母及其他长辈们被孩子们巨大能量和永不停止的行为搞得筋疲力尽，忙于收拾，看到满眼是破坏，其实，破坏正是另一种形式的创造，这些行为不被成人世界理解，所以被冠上"熊孩子"的称号。要知道，登月第一人阿姆斯特朗小时候就满脚泥泞在自家厨房的地板上跳来跳去，说"登上了月球"！听着不可思议吧！当你越来越了解孩子行为背后的心理动机与认知发展水平，就会更理解孩子们，成为他们的良师益友。

第二类，少数"熊孩子"是生病的宝宝。

如果孩子反复出现不能控制的对立违抗和品行障碍，及神经功能失调引起的病理性行为，比如多动、自闭倾向、到了语言敏感期（2岁）仍发出奇怪的喊叫而不用词句沟通、过了有性别意识的年龄（5岁）后仍当众脱光衣服等行为，就要引起家长重视和关注，尽早到儿童医院相关科室做生理上的排查及确诊。早诊断早治疗，避免错过最佳治疗期。

祝福所有的孩子都有健康、快乐的童年，也希望家长朋友多多了解孩子们的内心世界，让他们从"熊"孩子变成创造力、好奇心得到认可的乖宝宝！

主厨推荐

4.

小熊饼干

魏瀚

活跃在生活与美食圈的
时尚偶像派厨师

推荐理由：

过多摄入糖分会让孩子更加兴奋，和孩子一起动手制作少糖但又外形十分可爱的小熊饼干，既能消耗孩子的过剩能量，又能享受快乐的亲子时光！

所需食材：

可可粉 7 克、黄油 55 克、冰糖粉 60 克、鸡蛋 2 个、面粉（低筋）125 克、蜂蜜 10 克。

制作步骤：

步骤一：将冰糖粉、蜂蜜放入热水中进行搅打。

步骤二：将融化的黄油和蛋液加入，继续搅打。

步骤三：搅打至黏稠状后加入面粉，用刮刀搅拌。

步骤四：用手揉搓面团直至不黏稠。

步骤五：将面团分为两部分，在其中一部分加入可可粉进行揉搓。

步骤六：用擀面杖将面团压平，用模具做出小熊饼干的各个部位。

步骤七：放入烤箱，温度设置为 200 度烘烤 15 分钟。

36

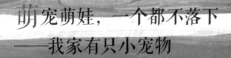

萌宠萌娃，一个都不落下
——我家有只小宠物

人人都喜欢萌宠，你很难不被它赤诚的目光打动。

可嘴里千遍万遍我爱你，到底还是禁不住亲骨肉的考验。

怀孕了，要把它狠心送走吗？关于这个问题，我曾深深地自责过。

心里总有一个位置属于狗狗

　　小桂圆离开我已经三年了，它是一只约克夏狗狗。

　　在小南瓜到来之前，它是我家唯一的小公主。

　　说来也是奇怪，大抵是因为动物都有某种敏感的天性，能感应到将要发生的一切。三年前，我怀上小南瓜的前一个月，小桂圆抢救无效，永远地离开了我。每回看到小桂圆的影像，我总在想，它是不是害怕我孤单伤心，很努力地挨到小南瓜来到才松了一口气，放心地离开呢？

　　小桂圆，最近又开始想你，你知道吗，小南瓜已经会说话会走路甚至会唱歌了，我原本是想介绍你们认识，让你们俩成为最好的小伙伴的呀。

　　小时候，我在南京，那时还住在部队大院里，有空的时候会去找一位爷爷辈的导演学表演。他布置我做一个作业，观察一只小狗的日常生活。

　　我在大院里注意到一只狗，立马跟了上去，一路跟到大树下，看它抬起一条腿"划分领地"，觉得好笑。然后又跟着它去找食物，看到它翻垃圾桶，才猜想它或许是一只饿着肚子的流浪狗，心里头一下子就酸了起来，跑回家拿了吃的返回去找它，却又遍寻不见。

　　那一整个下午的跟踪，终于让我得到了表演老师的认可。后来，我的心里便一直给狗狗留下了一个位置。

萌宠会成为宝宝的第一个朋友和老师

几周后，在院子里又见着它，我总算是放了心。

它被一个腼腆的小男孩牵着快步走过。妈妈告诉我，那只狗狗治好了小男孩的病。

小男孩生性孤僻，不爱与人相处，家里领养了那只狗之后，小男孩竟然开窍了，愿意到院子里去散步，甚至牵着狗去串门，跟每一户养狗的人家打招呼。

后来我才知道，萌宠对宝宝们的成长是有很大帮助的。它们可以给宝宝们充足的陪伴，宝宝们能在照顾小宠物的过程中打开自己的内心，变成一个善良的、关心外界事物的人。

于是，那时我抱着我亲爱的小桂圆，暗自盘算着，等到小南瓜降生，我希望他们能成为彼此最好的朋友，小南瓜会从小桂圆身上明白，一个生命是如何成长，怎样繁衍的，我们都该尊重每一条生命的存在。我会领着小南瓜一起照顾小桂圆，给它喂食、洗澡、清理粪便。照顾一个小生命，会让人更懂得责任心是何物。

我以为小南瓜能有机会从小桂圆身上学到很多很多的，遗憾的是，这些，都只是"如果"而已。

怀孕期间也不必忍痛割爱

怀孕期间，陪伴我的是家里的另一只名叫赤豆的狗狗。其实我一直没好意思说的是，我差点"背叛"了赤豆。

做产检时，我听旁边的妈妈们说，动物身上的弓形虫是会传染的，孕妇一旦感染会让宝宝致畸。

我整个人都被吓倒了。

做完检查，医生说没有感染，我又赶紧带着赤豆去做检测，检查完了，没病。医生安慰我，不用太担心，怀孕头三个月感染上了容易致畸，胎儿成型之后，万一感染了，也可以服药治疗，没大碍的。

之后赤豆便继续陪在了我的身边。当然我也不能太大意，每隔一段时间就得去做检查。只是它的食盒、粪便，我是不能碰了，只能让家人代为打理。

那时很多朋友来家看我，都咋咋呼呼地劝我赶紧把狗送走。可我想，为了生娃就抛弃宠物，这事儿我可不愿意，只要做好足够的防范措施，大家都平安无事，萌宠萌娃，一个都不能落下。

前段时间，一个好友怀孕了，把她家的小狗托付给了我。小南瓜很是喜爱它，以前有点儿宅的小南瓜，每天都嚷嚷着要带狗狗出去散步。

一大一小两个身影蹦蹦跳跳地走在我前面，夕阳西下，影子拉得长长，映在我的眼里，有一种仿佛此刻变为永恒的美好。

　　书含妈妈　我担心孩子被狗狗咬到很麻烦，所以我对儿子说狗狗什么都不懂，你被狗狗咬一次我就要把它送走，因为你不会跟狗狗玩。有天我在楼下就听到他突然哇地大哭，我问他怎么了，他说狗狗咬了他。其实就是牙齿蹭到一下，我有点担心地问那你是不是很疼，他立马说，妈妈，不要把狗狗送走。我很反对养电子宠物，因为少了一份责任，我养宠物就是希望我儿子成为有责任心的人。

　　锐锐妈妈　我妈妈说我5岁之前是内向的，猫来了之后不一样了，我会抱着猫去串门跟人家说这是我的猫，跟人家聊猫、赛猫。

　　添添妈妈　我觉得养宠物不仅培养小孩子的爱心、责任心，还有同理心。我们家狗狗都是孩子牵出去的，他会从小狗的视角观察世界。

大咖说

黄舒骏　著名音乐制作人、媒体人

好莱坞有个铁律，就是大人不如小孩，小孩不如动物。也就是说，一部电影，再怎样伟大的演员，当红的巨星，再怎样的精湛演技，只要有童星出现，所有目光的焦点，就会落在自然灵动的小孩身上。而动物更是会抢尽人类的各种风采，赚尽爱怜。

一个家也是。所有家有小孩的父母都明白，当孩子出现在一个家庭，整个家的中心，就是孩子。从摆设、功能，甚至每个人的使用空间与动线，都是以小孩为主。倘若有小孩的家中再出现宠物，这个家，就再也不是大人的了。小孩与宠物之间的互动与需求，成了这一切故事的主轴，而大人的角色，就是服侍与满足这家庭主人翁们成长的一切所需。值得吗？辛苦的父母！我的感受是，孩子的成长是带领我们再活一次的时光之旅，他让我们对于生活与生命之许多早已无感与麻木的点点滴滴能重新感受到甜美滋味与快乐，而宠物是让孩子了解生命最好的老师与朋友，透过与宠物的相处，孩子会学习到对生命的爱与尊重，这件事，比父母说什么千言万语，都让小孩更加受用。

让孩子与宠物和平相处，甚至要幸福地相处。唯有他们幸福，你的家，才会有更加爆棚的幸福指数。

主厨推荐 5.

豆乳拉面

魏瀚

活跃在生活与美食圈的
时尚偶像派厨师

推荐理由：

　　创新加入豆乳，让面条呈现出骨汤质感，一口下去尽是浓稠，实在是营养和美味的完美结合。方便面也可以一秒变身高大上。

所需食材：

　　方便面 1 包、蟹肉棒 3 根、午餐肉 50 克、大葱 1 根、豆浆粉（无糖）50 克、味噌 10 克、调料盐和胡椒适量。

制作步骤：

步骤一：在锅中放入清水，将方便面煮开后捞出备用。

步骤二：接下来在另一锅中放入豆浆粉，煮开。

步骤四：依据个人口味，将味噌及其他调料加入煮开的豆浆中，从锅中捞出方便面，将切好的材料放入碗中，浇上豆浆汁。（为了口味更丰富，可以放入裙带菜干、紫菜干、金钩虾仁等，风味会更加浓郁。）

步骤三：将大葱切丝，午餐肉切片。

给宝宝准备的第一套房，是乳房
——母乳喂养，像一本虐恋小说

哺乳之苦，犹如又一次生产，好多次都想要狠心放弃吧？
可每一个喂饱孩子的清晨，看着孩子酣睡的面庞，如此安详、美好，
一切，又总会在一瞬间，变得值得了。

跟奶牛竞争优秀员工

当小南瓜从我的身体里被取出来，我感叹，十个月的修炼终于结束。护士小姐把小南瓜轻轻放到我的胸前，一句话又把我整个人都吓醒了："早点跟宝宝肌肤接触，有助于你产奶哦。"

我打量着怀里的这个小生命，似乎能看见我自己眼中满满的柔情。我不敢用力抱小南瓜，她太柔软了，像一块布丁蛋糕，唯恐稍一用力就把她弄疼了。

待产时，同房间的妈妈们都跟我说，母乳好，就算再难也得坚持。我是想坚持的，可开奶师的手，让我的乳房怕得发抖。

我知道开奶有多疼，朋友生娃时，乳头跟许多新手妈妈一样，被吮吸破了，锥心的疼，不仅如此，还因为一时大意让胸部形成肿块，上厕所只能把宝宝的"粮仓"托起来走路，一旦放它自由，就疼得无法忍受。

还好我是幸运的，生产之后，很快就有了丰沛的奶水。每天要喂个五六次，半夜里也得摸黑起来开工，颠三倒四的日子让我睡得很不安生，面色憔悴了，多少感到沮丧，可一称宝宝的体重，我便万分自豪，跟那些缺奶的妈妈比起来，我实在算是走运。后来，奶水实在富余得很，我还存起来送给同房间的双胞胎享用。

我奔忙在喂奶的路上，大概某天可以跟奶牛竞争"优秀员工"了。

"厨师"不开心，宝宝更闹心

嘚瑟了四个月，接到单位电话，让小荷姐姐速速回岗。我捏着鼻子说，小荷姐姐不在！转脸捧起我的小南瓜，小声地跟她商量，妈妈要开新栏目了，你能允许妈妈离开你一会儿吗？

去台里开会，其间奶胀，作为一个职场女性，我得忍忍。

我实在是失策了，没有提前做好准备，憋奶比憋尿所带来的害处来得要快。那次之后我就发现自己的奶量锐减，心想完了，我家宝贝的口粮受到了重大威胁。

打听了许多偏方，然而，时间长了我的乳房就成了个"自闭儿童"，完全不搭理人了。

随后的日子里，我日渐焦虑，不敢吃这不敢吃那，同时工作越发忙碌，睡眠也不好，每天产的奶少得可怜。

我常觉得自己就是那个厨师，厨师做菜的时候，心情好跟心情不好，全都会体现在菜品最终的口味上，带着满心愁苦去做菜，还能指望食客觉得美味吗？

索性我也不管了，放开肚子吃喝。到了晚上，孩儿她爹看着娃，我挨着枕头就睡着，夜里要起来喂奶了，孩儿她爹也不能自顾自地睡，总得要起来帮忙把一切喂奶的物件准备好，还得给我放音乐。悠扬的音乐带来的好心情，比任何催奶品都好使。

快乐简直太管用，情况改善了不少，并且，我越快乐，宝宝喝得越是欢畅。

听着妈妈稳稳的心跳声，宝宝，你一定也觉得很安心吧？

希望每天早晨你都在我胸前安睡

喂奶百日，终须一别。

身边的许多上班族妈妈们，每天朝九晚五，大都只有晚上回家才能喂宝宝。就算夜里回家能喂上一两顿，可白天呢，总不能饿着孩子。有的妈妈打算在白天把奶存起来，可又没有良好的挤奶环境。去厕所吗？换成我是不愿意的，也太不卫生了。于是，妈妈们觉得客观条件不允许自己再将母乳喂养坚持到底，虽然明知母乳对孩子的益处很大，却依旧动了断奶的念头。

那时，我的新节目很快就要开播，成天奶胀也不是事儿，只好让这段痛并快乐的哺乳生涯安乐离去。

断奶断得还算是自然，我把奶粉跟乳汁混合在一起喂宝宝，希望能神不知鬼不觉地把奶渐渐断掉，可宝宝是天生的食品鉴定仪，一个劲地吐奶，本宫简直要疯了。宝宝吐奶有多疯狂？喷泉可媲美，噗嗤一下全给你吐出来，我只好另想办法。

后来，我改成一顿喂奶粉，一顿喂母乳，这回行了。

不过我还是特别怀念每天早上醒来，宝宝趴在我的身上，闭着眼睛甜饮一场，然后趴在我的胸脯上安稳睡去的画面。抚摸着布丁蛋糕一样的宝宝，仿佛她还在自己的身体里一样。

如果可以，这样温暖的画面，真希望永远都不要说再见。

奶茶留言板

成成妈妈　孩子生下来之后我就坚持母乳喂养，从此再也没有完整的睡眠，最早的有凌晨两点起来喂奶的，最晚的深夜十一点还在喂奶，长期下来，喂奶喂得有些精神恍惚，快要累趴。

宥宥妈妈　因为是职业女性，喂奶成了大问题。奶水时不时会溢出来弄脏衣服造成尴尬。有一回开会开了一整天，憋奶也憋了一整天，这下把奶给憋没了……职业女性想要坚持母乳喂养实在是有太多不方便了。

心妍妈妈　在孩子断乳期，我试了许多办法，最后想到，每次在母乳里放一点奶粉，逐步地增加奶粉的量，孩子渐渐地也就适应了没有母乳的生活。

大咖说

王曼华　　国际认证泌乳顾问、资深产后康复物理治疗师

初乳对宝宝很重要

初乳是最具营养的，因为里面富含 sIgA，即分泌型免疫球蛋白，所以初乳就像是宝宝的第一剂预防针。怀孕四个月以后就开始产生初乳，因此很多孕妇会发现做乳房按摩时会有液体渗出。初乳对宝宝太重要了，所以希望宝宝的第一口奶是初乳。

初乳可练习宝宝的吞咽能力

宝宝出生后第一天胃容量为 4-7ml，而且胃部弹性非常不好。而初乳非常黏稠，正适合宝宝学习吞咽，因此宝宝第一口吃的最有益的食物就是初乳。另外，建议妈妈们在宝宝很好掌握吸吮、妈妈乳汁移除顺畅之后再学习用奶瓶，为重返职场做准备。

前三天奶量很关键

产后前三天的奶量特别关键，有研究证明，产后第四天的奶量和产后六个月的奶量呈正向关系。所以建议妈妈们在产后六小时内做第一次温柔手挤，在前几天，坚持哺乳后做约 10 分钟温柔手挤，直至乳汁移除顺畅。

奶量不求多

通常我们用宝宝的体重来判断妈妈的乳汁的量，宝宝在出生10-14 天恢复出生体重，之后每天增加 30 克，说明妈妈的乳汁能够满足宝宝的生长发育。如果一定要个数值，平均来说，妈妈一天产出 750ml 的母乳就足以满足宝宝的需要。有些妈妈会使用吸奶器额外挤奶，生怕奶量满足不了宝宝的需求，如果造成乳腺的过度使用也没有必要。实际上，只要按需哺乳，就不需要额外挤奶。产后第九天以后妈妈已经完成了内分泌的调整，乳腺进入自我调节阶段，因此从乳房移除的奶量越大，乳腺生产的奶量就越多。

喂奶姿势

喂奶初期妈妈需要学习正确的抱孩子姿势，让自己感觉更轻松，等孩子长大后就可以随意了。妈妈要配合宝宝吸吮的姿势选择抱孩子的姿势，既能让宝宝舒服地吸奶，又能让妈妈不感觉疲惫。

宝宝深含乳姿势：

1. 下巴压紧乳房；

2. 嘴唇外翻 120 到 160 度；

3. 鼻唇沟放松，保证呼吸；

4. 脸颊饱满，偏心含乳、深含乳。

奶量太多怎么办？

如果妈妈奶量过多，会导致乳腺的过度使用，我们可以利用乳腺自我调节的原理来调整——可以一天只喂一侧的乳房，如果另一侧太胀就把奶挤掉一点，给乳腺一天的时间自我调节，慢慢就会调整到正常状态。

奶量太少该如何解决？可以用食补来增加奶量吗？

奶量的多与少，要从宝宝的体重来判断。如果宝宝的体重在正常水平，则说明供需平衡，就不需要挤奶。这里有一个宝宝体重的衡量标准：

1. 出生后 10-14 天，恢复到出生时的体重；

2. 5-6 个月，体重达到出生时的两倍左右；

3. 到 1 岁，体重达到出生时的三倍左右。

从理论上说，饮食对母乳营养成分及产量的影响都不大。乳汁的产生，来自宝宝的吸吮，使乳汁从乳房中排空。因此如果想要增加奶量，可以让乳汁不停地流动，加快乳房的排空，就能加速乳汁的生产。

妈妈吃药、打点滴后，或感冒时还能哺乳吗?

消炎药进入宝宝血液的量只有妈妈体内剂量的 1%。妈妈在感冒后反而要坚持喂奶，因为这时妈妈体内会生成抗体，这种抗体能随着乳汁传递给宝宝，让还没有能力独立生产抗体的宝宝自然而然地得到抗体的保护。而乳汁里的免疫层一直稳定，所以建议母乳喂养可以持续至 2 岁及以上。

主厨推荐
酒酿手工芋圆

魏瀚

活跃在生活与美食圈的
时尚偶像派厨师

推荐理由：

众所周知，酒酿是催奶利器。而芋圆也具有清凉沁脾，清热泻火，解三焦之燥，通七窍之神的功效。吃的时候可以按照个人喜好，添加白糖、蜂蜜、冰糖、冰水、柠檬汁、香蕉汁等。微微冰镇一下后食用，口感更好。爽滑 Q 弹的芋圆加上不同配料，带来舌尖上的夏日盛宴。

所需食材：

芋头、红薯、紫薯各 150 克、木薯粉 500 克、白糖、酒酿、胡椒适量。

制作步骤：

步骤一：将带皮的芋头、红薯、紫薯放入锅中煮熟。

步骤二：将熟的紫薯去皮，压成泥状，混合加入白糖和木薯粉，紫薯泥和木薯粉的比例为1:1，白糖可以随意添加，搅拌至不粘手的状态，醒发15分钟即可。红薯，芋头可按照同样的办法做成面团。

步骤三：用手揉搓成条状，再均匀切成块状。

步骤四：烧一锅水，将做完的芋圆放入水中煮 5 分钟，用勺子不断进行搅拌。

步骤五：准备一锅开水，加入少许白糖，加酒酿，煮开后加入刚煮好的芋圆。

步骤六：装盘按个人口味添加食材。

淑女不是公主病
——你希望自己的女儿是一个小淑女吗

淑女——贤淑的女子。

很多有女儿的爸妈，都希望自家女儿成为一名淑女，

可我却希望我的女儿，做一名"贤女"。

57

你到底想要一个淑女还是一个公主

小南瓜总是在不经意间让我震惊。

那天下午，我带小南瓜去玩。走到大门口，小南瓜忽然间拽住我不肯再往里头走一步。她小声嘟囔："其他小朋友都穿得那么漂亮，我好丑啊……"

我目光探进去，看见里头的女孩子都穿着公主裙，一个个有备而来，那时我忽然发现，原来小南瓜已经到了爱美的年纪。

其实把一个女孩子打扮成小公主，真的是再简单不过的事情了，很多家长都明白该怎么做。他们给孩子报舞蹈班练身段，让孩子学弹琴变得多才多艺，穿衣打扮也花费了不少功夫。

但说到底，这些全都太流于表面了。中国的社会赋予了女孩子固定的定义，那句"女孩子就该有女孩子的样子"，概括了人们对标准女孩的想象——有礼貌、文静、内敛、守规矩，长大后上得厅堂下得厨房，浑身得透露着高贵。

我时常在想，女孩子们难道就不会对这一切感到厌烦吗？《泰坦尼克号》里的Rose，当她的妈妈督促她学习礼仪，跻身上流社会的时候，她深感束缚，想要逃离这一切。

那些与"高贵"有关的礼节、身段、华服，不能说不重要，但我们或许该搞清楚的是，这些一定不是最重要的。

别把公主病当成淑女范儿

有女儿的父母希望女儿成为一名淑女，可真正的淑女长什么样子呢？除了精致的外表，内心层面是不是也该有所不同？

有一次快要录节目了，参加表演的一个小姑娘却躲在休息室里哭。原因是另一个小姑娘不小心打翻了一杯咖啡，弄脏了她的公主裙。

我看了看那条裙子，其实也只是裙摆弄脏了一个小角，我一边安慰她，一边让工作人员帮忙擦试一下，没想到她却愈演愈烈哭闹不止，甚至不想上节目了。这时台上已经有很多小朋友在等着，节目录制不得不中断。

虽然我也理解爱美是每个女孩的天性，但是如此放大自己的"敏感"、任性到不顾及别人的感受，在我看来，这并不是一个小淑女的表现，而是公主病。我更欣赏茜茜公主那样的女孩子，她可以很温柔，关键时刻，也可以很"女汉子"。

我希望已经懂得爱美的小南瓜不要忘记，一个真正优秀的女孩子，除了好看，还得富有智慧。当她面临生活的逆境，有没有能力经营好眼前的苟且？当她面对诱惑，可不可以做到淡然？当她与人接触，是否能不拘小节？

你现在的样子就很好

小南瓜现在才 3 岁，尚处在贪玩的年纪。

我想让她开开心心地玩耍，不想让她从小就做一个太过于"乖巧"的小孩。

当然，我也会希望，她能有身为女孩子的良好气质。所以，我会带她去上一些舞蹈课，让她学会怎么站怎么坐更漂亮。小南瓜毕竟还是个女孩子，对这些感兴趣得很，经常会摆个 pose 问我，妈妈，你觉得我这样漂亮吗？

做女孩，当然要漂亮，但漂亮绝不是一个女孩的全部。

看到身边的小公主们，我也会有一些担心，担心小南瓜会不会被家人宠坏，会不会也患上公主病。

有一回，我带小南瓜去酒店吃早餐。酒店旁边有一个小小的儿童游乐区。

小南瓜小声问我，妈妈，我吃完了，可以去那边的游乐场玩吗？我说当然可以呀，便领着她过去。

还没等我开口，小南瓜就在游乐区门口坐下来，把自己的小鞋子脱下来整齐地放好，嘴里还念叨着："鞋子要放放好呀。"

看到这个小小的细节，我那些多余的担心，都化成一声感叹。

琴棋书画精不精通，是不是能成为女中豪杰，这些都无所谓，眼前这个有礼貌的小姑娘，已经是我心中最好的小淑女了。

小南瓜，你现在的样子，妈妈觉得特别美呢。

奶茶留言板

玖玖妈妈　　小时候我看见家附近有乞讨的人，就跑去告诉妈妈。妈妈没有直接做什么，而是问我想怎么样，我说能不能给他一点钱，妈妈说好的。妈妈给我的教育不是强制的，而是启发式的，现在的小孩子得到的爱很多，但是付出的却很少，我觉得给孩子多一点机会关心爱护别人比较好。

嘟嘟妈妈　　嘟嘟爸爸对女儿有求必应，从出生开始就给她买爱马仕的毛毯、鞋子、衣服。我跟她爸爸观念不一样，我会更重视给她好的教育环境。

育佳妈妈　　在学龄前我也给孩子报了很多兴趣班，因为那时候她的兴趣经常会变，最后她自己想学花样滑冰。我跟她说学花样滑冰很苦，比你之前学舞蹈还要苦十倍，你为什么要学花样滑冰。女儿说在电视上看到花样滑冰很美，比舞蹈更优美，我想和他们一样优美。我说那好，既然选择了就要坚持下来，不能说苦就不学了。

大咖说

张怡筠 著名心理学家、情感教育专家

　　许多女孩都梦想自己是小公主，而许多爸妈也希望能培养出人见人爱的小公主。

　　然而，不是穿了公主装就成了了公主。公主，是女孩发自内心的优雅范儿。

　　该怎么做，才能真正培养出小公主？

　　1. 赞美孩子的思想，而非外表。

　　我认识一位 80 后女孩，第一眼看她，就让人心里打个大大的惊叹号：真美！

　　她的五官漂亮自然，眼神清澈明亮，真的就像童话故事中美丽善良的公主。连平时不以貌取人的我，都忍不住想夸她好看。然而她最特别的，是全身散发出来的优雅气质，对人和善尊重，善良真诚。许多天生丽质的女孩们从小被赞美惯了，自带那种"我很美丽，你该崇拜我"的自傲状态，她完全没有，让人特别喜欢！

　　问她，爸妈是怎么教导的？

　　她的父母是医生，她说，小时候当外人看到她，夸奖她的外表"可爱""漂亮"时，爸妈只笑笑不说话。而爸妈平时并不赞美她的长相，也不希望她以此为荣，因为"长相是天生的，不是自己的功劳"。他们在意的，是她内心的想法及感受。爸妈爱阅读，每天都带着她一块儿看课外书，也花许多时间和她沟通，讨论对事情的看法，如果她有好的想法，爸妈就会特别高兴而大加赞美。

太赞了！真优秀的父母！

父母看重什么，孩子就会拥有什么。这个女孩后来被一个知名大导演选中去拍电影，和父母讨论过后，她决定拒绝这个难得的邀请，而是听从自己内心召唤，去读心理学研究生。

她说，看脸和看心的世界，我选择后者，因为从小到大，爸妈就是这么教育我的。

所以，如果想要培养孩子有公主般的内在品质，请别只在意孩子的外表，而是多赞美她的思想，以及她对待别人的态度。

2. 看人优点，而非道人长短。

有些爸妈常在孩子面前做"背后道人长短"的事："你看那个谁谁谁，又胖又丑，吃相还那么难看……""那个谁谁谁的孩子，看起来呆呆笨笨，果然学习不好吧……"

长此以往，孩子被训练成看人缺点，也习惯抱怨的人。

这个习惯，不但不是公主范儿，更对自己的快乐幸福有害。

要培养真正的公主，爸妈则会有截然不同的做法。

不但会看到并表扬他人的优点："你真是善解人意……非常努力……"也会在平时和孩子交流时，常问孩子："你发现他身上有什么优点？""你最欣赏这个人的地方是什么？"如此一来，孩子就会培养"凡事看闪光点"的幸福习惯，与人互动时，自己开心，对方也愉快。

懂得欣赏世界的美好，孩子就能活在正能量的积极状态中。我个人认为，这就是活在童话世界的公主范儿。

3. 对每个人礼貌体贴，一视同仁。

有些父母会对孩子说："你不好好学习，以后长大就是那些没出息的服务员，保洁员……"眼中有贵贱，因此一家人都对提供服务的人颐指气使，粗暴对待。

而真正的公主，则是理解并非每个人都如自己一般地幸运，而每个努力工作的人都不容易，也都值得尊重。所以爸妈就会身体力行，常对服务员、保洁员等提供自己服务的人，体贴尊重，并主动微笑致谢。不但自己做，也会带着孩子一起做。

有次我在餐厅，看到一个 10 岁左右的孩子主动起身，帮忙不过来的服务员阿姨收拾桌上碗盘，被父母开心表扬。

眼中无贵贱，对人都体贴，这才是最好的贵族教育。

只要父母给力，每一个女孩都能拥有真正的公主范儿，活出开心和精彩!

主厨推荐 7.
草莓香草慕斯杯

魏瀚
活跃在生活与美食圈的
时尚偶像派厨师

推荐理由：

　　小小的粉红色甜品最适合淑女了。草莓富含对儿童生长发育极好的营养成分。国外学者研究发现，每百克草莓含维生素 C50-100 毫克，比苹果、葡萄高 10 倍以上，多吃可以使脑细胞结构坚固，对脑和智力发育有重要作用。同时，还能让皮肤细腻有弹性。饭后吃一些草莓，可分解食物脂肪，有利消化。

所需食材：

　　草莓 500 克、草莓酱 100 克、鱼胶片 3 片、奶油 300 毫升。

制作步骤：

步骤一：先准备几个杯子。将草莓酱铺在杯底。

步骤二：奶油倒入容器，奶油量为草莓酱 3 倍。将浸泡过的鱼胶片剪成小块加入奶油 (300 毫升奶油加入一片鱼胶片)。浸泡鱼胶片水温需控制在 40℃以下。

步骤三：打蛋器将奶油与鱼胶片搅拌 3 分钟，搅拌至浓稠却非完全打发可使慕斯口感更佳。

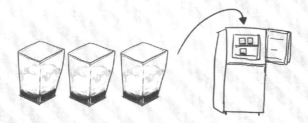 

步骤四：奶油加入杯中，冷藏 3 小时。

步骤五：加入草莓等配料装饰即可。

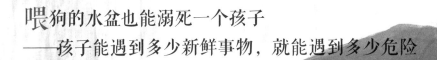

喂狗的水盆也能溺死一个孩子
——孩子能遇到多少新鲜事物，就能遇到多少危险

如果可以，真希望 24 小时都跟在宝宝的身边。

让我们疯狂的，不过就是那三个可怕的字眼——

"万一呢！"

67

宝宝啊，你什么时候才可以安全

世界卫生组织和联合国儿童基金会的报告显示，全球每天有2000多名儿童死于意外伤害。在中国，每年有超过50000名儿童因意外伤害而死亡，即每天近150名。

意外伤害是中国1-14岁儿童的首位死亡原因，每3名死亡的儿童中就有一位是意外伤害所导致的。还记得曾看过一则新闻，讲的是一个小朋友被自家狗狗喝水盆里的水给溺死了。那时我分外吃惊，如果不是发生这事儿，我怎么也不会想到，孩子的危险比你想象的还要不经意。

我时刻都在思考，什么东西有可能让孩子受伤，威胁到孩子的安全。

小南瓜特别喜欢吃红枣，我原想着，多吃点儿红枣挺好的，后来听一朋友说，千万别让孩子自己吃这种有核儿的食物，万一呢！万一孩子猛地吸进气管里，可怎么办呀？

我赶紧夺命连环call打回家里："妈！快看看小南瓜还在不在吃红枣，让她别吃啦！"

当我又一次发现小南瓜把自己的脑袋探到洗衣机里的时候，脑子里噌地一下出现可怕的画面，不禁吓得大发雷霆起来。

危险是一场连锁反应

生了娃，幸福吧？幸福，可幸福的同时又满是恐惧，担心某些危险会抢走我的幸福。

人们都觉得家是世界上最安全的地方，可对孩子而言，依旧危机四伏。

在家里，我不敢让小南瓜靠近厨房，油星子溅到了，刀刃子碰到了，那都是大事儿。有的家长为了不让孩子吃太多糖，就把糖放在高处。孩子离糖远了，却离跌伤近了，所以我从不把孩子想要的东西放在高处。

我经常带小南瓜出门去"放风"。出门时总得有个人看紧她，另一个人再去锁门，不然她一不留神滚下楼梯，那也是要命的。

有了车，我们离便捷生活近了，孩子离交通伤害也近了。从小南瓜很小的时候，我就开始让她适应安全座椅，这玩意儿得尽早适应。万一遭遇交通事故，安全座椅可以成为孩子的保护神。

小南瓜喜欢逛街，我永远让她走在大人们的中间。有时她叛逆，想甩开大人自己去发现新世界，我也不敢撒手。当然了，交通事故还不是全部，出行在外，还得要提防着拐骗儿童的人贩子。有时即便没有人贩子，也会遇见意外走失的情况，这就是为什么我平时隔三差五让小南瓜背一背我和她爸的手机号码的原因了。如果有一天她不小心跟我走散了，她会明白要立即去找警察叔叔求助，打电话给爸爸妈妈，爸爸妈妈会立马去找她。

谁不是一边受伤，一边长大

朋友的孩子被开水烫伤了，奶奶一着急，慌里慌张地把衣裤撕掉，本来伤势不算严重，这一撕倒好，皮肤被扯破了，送到医院一顿救治，朋友在一旁心疼得晕过去。还好，那壶开水不会要了孩子的命，但腿上的伤疤大概很难消退了。听她哭诉着这一切，我们几个妈妈，何尝不是一个个揪着心呢？

他们夫妻俩因为孩子的安全问题都快神经兮兮了，成天不准孩子干这不准孩子干那的。防范危险自然是应该的，但危险是任何时候都可能发生的，如果因为危险的存在，就剥夺孩子生活的乐趣，那这样的安全是否又给成长打了折扣呢？

咱们做爸妈的有另一个官方称谓——监护人。我们是监护人，这意味着我们要看好孩子，保护孩子，而不是像狱卒一样，囚禁孩子。我们该满足孩子对这世界的渴望和探寻，在他们亲近生活时，我们在一旁多加小心，放大自己的感官，尽量多地帮孩子阻隔危险，这样就很好。

万一哪天真的防不胜防，留下了伤疤，也请不要因噎废食。你想想，咱们中的哪一个人，不是带着伤疤一路成长过来的呢？

奶茶留言板

妍妍妈妈　我是个超级没有安全感的妈妈，我很注意各种安全隐患，家里家具的尖角都包起来了，插座只要孩子能够着的都封起来了，穿衣镜由四块玻璃组成的，为了安全把下面两块都撤掉了。

凡凡妈妈　我女儿简直就是摔跤大王，腿上到处都是乌青。我一直很期待电视剧里孩子飞奔向父母怀抱的唯美场景。可是每次她刚张开双臂向我飞奔的时候，前一两秒很美好，我正要享受这个感觉的时候她就突然消失在我的视线里了——已摔倒在地，再后来她要奔我都说站住，妈妈过来。

71

大咖说

潘曙明 上海交通大学医学院附属新华医院主任医师、医学博士

儿童意外伤害是指突然发生的各种事件或事故对其身体造成的损伤，包括各种理化和生物因素。在我国，意外伤害已成为 14 岁以下儿童死亡的首个原因。

意外伤害中，所有年龄段男孩明显多于女孩，随年龄的增长这种趋势更为明显。从年龄来看，1-3 岁患儿最多，4-7 岁次之。学龄前儿童多于其他年龄儿童，因为此时好奇心强，集体活动逐渐增加，但自我防护能力差。意外伤害发生地点主要在家中、学校、户外场所（包括道路、公园等）。儿童意外伤害的主要原因依次是交通伤、坠落伤、误食、烧烫伤。交通伤作为首要原因，目前仍呈增长趋势。

90% 的儿童意外伤害是可以预防的。家中意外伤害预防，例如全球儿童安全组织推荐的 5S 原则："See"学习用儿童的眼光审视物品摆放，"String"避免绳带过长，"Size"越是小的孩子要给予越是大的物品，"Surface"应尽量确保物品表面平滑柔软，"Standard"仔细检查与儿童用品相关的安全标准。户外意外伤害预防，例如：儿童乘车时正确安装和使用儿童安全座椅，可使 4 岁以下儿童死亡危险和入院率明显下降，上海、深圳等地区已将 4 岁以下儿童强制使用安全座椅写进了地方性条例及法规。

伤害预防的安全教育任何时候都是必要的，形式可以多样化，让每一个社会成员都树立保护儿童的责任意识。

主厨推荐 8.

南瓜酥皮浓汤

魏瀚

活跃在生活与美食圈的
时尚偶像派厨师

推荐理由：

　　南瓜中含有丰富的锌，参与人体内核酸、蛋白质的合成，是肾上腺皮质激素的固有成分，为人体生长发育的重要物质。搭配酥皮外烤，使口感上得到完美均衡，同时可以使这道家常料理，增添更加独特的法式风味。

所需食材：

　　南瓜 200 克、酥皮 2 块、奶油 100 毫升、油适量、白糖 20 克。

制作步骤：

步骤一：南瓜去皮去瓤切小块。

步骤二：加入植物油（大豆油、色拉油）和黄油，加入南瓜翻炒。

步骤三：加入水、鲜奶油进行焖煮（奶油可用牛奶代替）。

步骤四：煮软的南瓜加入搅拌机搅拌至南瓜呈细腻糊状。

步骤五：加入适量盐、糖继续搅拌，调味后置入碗中约3/4处。

步骤六：将成品酥皮擀平，用刀将酥皮划成圆形盖于碗上。

步骤七：烤箱上火 180 度 15 分钟取出即可。

73

宝宝，我愿做你的一颗免疫细胞
—— 孩子过敏那些事

宝宝，妈妈对你的爱可以很大很大，
大到足以为你遮风挡雨，为你扛起一整片天空；
宝宝，爱你的时候我变得很小很小，
小成一粒尘埃，小成你身体里的一颗免疫细胞。

好像整个世界都会让宝宝过敏

小南瓜刚出生时湿疹很严重。那时我看到同事的宝宝，满脸满身都渗液、结黄痂，身上一大片一大片的干皮，特别痒。我太担心小南瓜也遭罪，四处打听，一心想治好女儿。

同时，我和她爸还发现自己太"理所当然"了，竟以为"湿疹"就是因为太"湿"了，可医生告诉我，湿疹其实是因为皮肤太干燥了，给宝宝洗完澡，要记得抹油，湿润的皮肤相比起来不容易得湿疹。

有一年夏天快过去时，我们就把小南瓜的蚊帐撤掉了，结果她一晚上被咬了一身包，几天后过敏重新找上小南瓜，全家人都快急死了，于是又是一番求医问药，了解到原来蚊虫叮咬也可以导致过敏。

过敏的事儿我从来都是不敢大意的。

小南瓜过敏的那段时间，听说青梅汁里有丰富的氧化剂，可以抗过敏，我经常会做青梅汁给她喝。水果也不敢随意给她吃，最多就吃点儿橙子，橙子也能预防过敏。

我常常怀疑，小南瓜老是过敏是不是因为我不够细心。于是，我常常把自己逼疯，恨不得买个显微镜，每天跟那些让小南瓜过敏的微生物作斗争。

哪一片天空可以给我安全感

上海的天空有时灰蒙蒙的，我的心也是灰蒙蒙的。

当家里女主人的心变得灰蒙蒙，那么整个家都会变得灰蒙蒙。

我对于孩子过敏这事儿特别过敏，每天强迫症似的寻医问药，甚至有些病急乱投医。孩子她爸给孩子洗完了澡忘记搽油，我会忽然间爆炸。我过度敏感的结果就是，全家人都被我弄得有些神经衰弱。

望着窗外的雾霾，我忧心忡忡。食物过敏，你不吃就好了。空气怎么办？不呼吸了？那肯定是不可能的。

最近看到有个老外开始卖新鲜空气，折合人民币150元一罐。有的人把这当成潮流，闲得慌去买一罐新鲜空气来发个自拍，可我却忧心——以前就有人半开玩笑地说，这样下去，以后连空气都要重金购买了，现在看来，也许这并不仅仅是调侃。

我在妈妈群里聊起各种污染，各种过敏源，大家的内心无一不是和我同样焦躁。如果我们是超人，真的很想用消毒水把这世界重新洗刷干净，把所有能让孩子过敏的源头斩草除根。

孩子过敏时，请你淡定

小南瓜上幼儿园那会儿，有一次过敏了。

那时小南瓜有一个小宝贝，是一条小毯子，叫海星被被。无论走到哪，她都要带着，找不见海星被被就要哭。

很多小朋友也喜欢抱一抱海星被被。抱的人多了，小毯子上面的细菌就多了。没过几天，老师打来电话说，小南瓜过敏了！

医生给小南瓜打完脱敏针，宽慰我说，其实不要把过敏看得太严重。人的身体里都有免疫细胞，当有危险靠近的时候，免疫细胞就会起到保护我们不受伤害的作用。而有的宝宝，身体过度敏感。这就像是一个坏人路过了你家门口，他可能根本就没有伤害到你，但你特别紧张，抄起家伙就准备跟他干仗。自然地，你就会消耗体力，会充满负面的情绪。体现在身体上的，就是皮肤红肿之类的症状。

孩子过敏的时候，咱们就不要过度敏感了。我认识一个妈妈，她的孩子因为过敏，整个童年几乎都在吃药。这该是多么痛苦的一段经历，孩子的生活质量自然是不好的。

其实现在有一些新的方式可以治疗过敏，比如中医推拿。那是一种针对孩子的推拿，据说效果不错。

生下孩子之前，我们许下的最多的愿望就是孩子拥有一个健康的身体。当孩子的健康遭遇威胁，我太能理解那有多么令人揪心。在孩子过敏的时候，我们更该冷静对待。默默地做孩子的一颗免疫细胞，让他在没有痛苦的环境中快乐长大。

奶茶留言板

　　萱萱妈妈　　我们家孩子的湿疹分两个阶段，小的时候是湿疹，稍微大一点就好了，可到了三四岁，季节交替的时候就咳嗽和流鼻涕。医生说，两种症状不会一起好的，只好一个月跑医院四五次。

　　轩轩妈妈　　我给孩子们买了除菌卡挂在车里和床边，先做到小范围无菌。

　　昭昭妈妈　　我自己很小的时候我妈就给我吃鸡蛋，没有问题，所以我妈在我宝宝7个月的时候给他添加了炖蛋，后果很严重，先是嘴唇出现小红点，红肿，蔓延到眼眶、耳廓，这就是典型的蛋白质过敏。所以辅食要逐步添加。

大咖说

陈同辛　上海交通大学医学院附属上海儿童医学中心过敏免疫科主任、主任医师

过敏真的是遗传的吗

过敏涉及两方面的因素：遗传和环境，两个共同作用。遗传占了非常大的一个比重，如果父母双方都过敏，基本上生下的孩子，过敏的几率高达 40%-60%；如果父母双方不仅过敏，而且症状都一样，那几率就更高了，能高达 50%-80%；如果父母有一方过敏，所生的孩子过敏几率是 20%-40%；如果父母都不过敏，孩子过敏的几率只有 5%-15%。除了父母，兄弟姐妹过敏，也会互相影响，几率为 25%-35%。

环境在过敏的发生上，起到了触发作用。最常见的触发过敏的环境因素有过度的清洁、不合理抗生素的使用、吸烟、环境污染、剖宫产、饮食结构变化等。

什么原因让现在的过敏儿童越来越多

上面提到，过敏的发生与遗传和环境有关。近 30 年来，过敏性疾病发生率越来越高。一般认为，30 年遗传背景变化不会太大，主要是环境的变化。环境除了自然环境的改变，人们的生活习惯和饮食结构也发生了巨大变化。比如现在环境导致过敏最著名的一个学说——卫生假说，即我们现代人太讲究卫生了，使得我们感染的机会减少了，因而影响了人体的免疫发育，从而易导致过敏的发生。正常情况下，人体就存在着很多菌群，它们与人体共生，并不是所有的细菌都是致病的，一些菌群本身对机体还有益处，我们管它叫益生菌，它们对生命早期的免疫发育至关重要，所以太讲卫生，过度清洁，不光是把有病的菌去掉，把正常的菌也破坏掉了，破坏了以后就容易发生过敏。

对于容易过敏的宝宝来说，哪一些食物是比较危险的，哪一些又是相对安全的

过敏与过敏源有关，食物中的过敏源往往都是蛋白质，但是每一种食物引起过敏的特点是不一样的。比如说小麦和米粉，这是我们最常吃的东西，小麦过敏的几率远远要高于米粉过敏。为什么呢？这是因为它们蛋白质的成分不一样。

讲到水果过敏，大家都会异口同声说芒果过敏。芒果过敏往往表现为嘴巴红肿，医学上叫口腔过敏综合征，大都与食物过敏的交叉反应性有关。最早芒果和猕猴桃过敏人群是什么人群呢？是医务人员，而且是手术室里的医务人员。为什么呢？因为做手术的时候要戴橡胶手套，橡胶的主要成分是乳胶蛋白。乳胶蛋白与芒果和猕猴桃里的蛋白质有交叉反应性。接触乳胶时间长了，就容易致敏，所以一接触芒果和猕猴桃也会过敏。为什么现在对于芒果猕猴桃过敏的宝宝那么多，就是因为日常生活当中，宝宝的好多玩具都是橡胶玩具，并且家里墙上的涂料都含有橡胶成分，日常生活可能就已经被乳胶致敏了。

一旦食物过敏了，这辈子还能不能吃这种食物

可以吃。怎么才可以吃呢？就是隔一段时间再尝试一下，大部分的

食物过敏都是阶段性的。什么叫阶段性的呢？意思就是说如果你能够做到不接触它，不吃它，经过一定时间，你再吃它，可能就不过敏了。但有特殊情况，比如说对于有些食物过敏，一旦过敏了，你终身都不能再吃这种食物，我指的是坚果类，像开心果、杏仁，其中最严重的是花生、核桃。国外专家做过调查，所有因为食物过敏致死的人里面，有 40% 是因为花生过敏。有一个例子，美国有一个黑人姑娘，对花生过敏，她从来就不敢去碰花生，结果处了个男朋友，男朋友吃完花生以后既没漱口又没刷牙，就亲吻了这个姑娘，结果她竟过敏性休克死了。这才是真正的"死亡之吻"。所以大家要注意，食物过敏可以引起过敏性休克，这是一种不可预知的现象。

主厨推荐 9。

豆渣肉松焗白薯泥

魏瀚

活跃在生活与美食圈的
时尚偶像派厨师

推荐理由：

　　全素料理，更多杜绝了过敏源，并且将原本丢弃的豆渣变废为宝，做成了人见人爱的素肉松，搭配上松软的土豆泥，小朋友一定会大赞好吃。

所需食材：

　　土豆 1 个、豆渣（磨豆浆过滤出来的渣）50 克、香松和紫菜适量、酱油适量。

制作步骤：

步骤一：清水煮熟土豆，去皮压泥。　　　　步骤二：加入盐、酱油、芥花油均匀搅拌。

步骤三：豆渣吸干水分，热锅冷油小火翻炒。

步骤四：不断加入酱油翻炒 15 分钟，　　　　步骤五：将土豆泥装盘，
至肉松状，并加入香松调味。　　　　　　　　撒上炒肉松即可。

83

幼儿园是宝宝的围城
——今天宝宝就要上幼儿园了

幼儿园是宝宝的围城。

有的宝宝想进去，有的宝宝想出来。

幼儿园也是我的围城。

我一边盼着她能通过幼儿园，融入这个庞大的世界，

一边又难舍难分，别过脸去，比孩子哭得还要伤心。

85

面试一点都不可怕

小南瓜到了上幼儿园的年纪，我对小南瓜说，幼儿园会有很多小朋友跟她一起玩，她听我这么一说，成天都念叨着要上幼儿园。

从很早以前就听说，现在幼儿园竟然也要面试了。我原本也在寻思着要不要给小南瓜报两个班，后来还是觉得心疼。除非是孩子主动想学，不然我有什么理由让她在玩耍的年纪去上学呢？与其如此，倒不如多用点心思，为宝宝选一个适合她的幼儿园。

当面试的这一天真正来临，我总算松了一口气，原来面试并没有我想象中的那么可怕。

面试的小房间里摆着很多玩具，它们看上去无关紧要，却是面试的核心。老师会通过宝宝们玩玩具的过程，了解他们的一些能力。

其实说白了，幼儿园的面试，段位哪会那么高？老师们想要了解的，无非也就是孩子的基本能力状况。至于知识，那是留给日后慢慢学的。

通过面试之后，我牵着小南瓜走在回家的路上，我问她，小南瓜，想不想上幼儿园呀？小南瓜蹦着跳着对我说，想！

我忽然间松了一口气，又心有余悸：要是一年前，我真的因为自己的恐慌，一时冲动，逼小南瓜学习，她是不是也会觉得幼儿园是地狱，在学习生涯的开端，就不战而败了呢？

别害怕老师，老师懂孩子

开学那天我送小南瓜到幼儿园门口，老师过来，低声对我说："你把孩子送到这里，掉头就走。"我急了，不晓得这是什么路数。老师说："有的孩子不想上幼儿园，一哭闹家长就心疼地过来抱啊哄啊，小朋友就知道这招苦肉计管用，更加不肯听话了。"

我觉得老师说得很有道理，便扭头离开了。其实也没什么可忧伤的，两个小时以后我们就相见了。

为什么只上两个小时？这是老师的妙计，帮助宝宝消解分离焦虑感。

老师把班上的22个小朋友按年龄大小分成了两组。年龄大的那组小朋友，在八点半到十点半上课，年龄小的那一组，在十点半到十二点半上课，上完了就回家。第二天，两组的时间再调换过来。

第三天开始，年龄小的宝宝暂时先不来上课，年龄大的孩子继续来几天，老师会先把年龄大的孩子培养成"领头羊"，之后，年龄小的小朋友再来上课，这样一来便可以尽量缓解孩子们的焦虑感。

看到老师们特别细心地帮助宝宝们"过关"，我其实挺感动的。

一个从事幼儿教育的朋友告诉我，如果确定要把孩子送去幼儿园，就一定要相信老师。

我想，即便我是孩子的妈，可在教育孩子这件事上，我还是好好地听老师的意见吧。

宝宝，爸爸妈妈一直都跟你在一起

幼儿园同样是一座围城。小南瓜一开始特别想走进这座城，过了一段时间，她的新鲜感一过去，又想从围城里走出来。

我劝了小南瓜很久，也用了很多自以为有用的办法，在我无计可施的时候，园长问我："不如你们做爸爸妈妈的，也到宝宝的围城里来吧，你们要是能走进来，宝宝也就不会走了。"

我瞒着南瓜悄悄报名当了幼儿园的志愿者，一大早就系上围裙在校门口帮着老师维持秩序，给小朋友们洗手。远远地南瓜在外婆的陪伴下向校门口走来，我叫了她一声。小南瓜听见我的声音愣住了，扭头看着我，眨巴着眼睛。我注意到，她一直兴奋地偷偷看我。后来我问她，喜不喜欢妈妈去幼儿园呀？小南瓜说，喜欢！为什么喜欢？因为我觉得妈妈也是老师了！

后来有一次，幼儿园组织排球赛。孩子的爸爸其实根本就不会打排球，但他还是毅然决然地要去报名。我笑他，为什么要这么逞强。他说，希望做一个让女儿骄傲的爸爸。

当孩子想要从幼儿园这座围城里出来的时候，我们做父母的，就得让她知道，爸爸妈妈不是把你送去了一个陌生的地方，无论你在哪里，爸爸妈妈都跟你在一起。这座围城里的酸甜苦辣，欢歌笑语，就让咱们仨一起去体验、享受，你说好吗？

奶茶留言板

　　玮玮妈妈　　为了女儿更好地适应幼儿园，我先给她报了三个月的托班，到 9 月再正式入园，结果她还是哭了。她在托班适应得很好，到幼儿园又不行了，可能是换了个环境。之后我做了很多功课，给她买了《我爱幼儿园》的绘本，这个绘本不管即将上幼儿园，不爱上幼儿园还是爱上幼儿园的小朋友都合适，通过讲故事的方式告诉孩子幼儿园里是多么快乐。

　　蓉蓉妈妈　　我们弟弟六个月就去托班了，那时候是我不舍得走，他在三楼，我在一楼，他的哭声就从窗口飘下来打在我心上，我常常想冲上去。其实大人很多时候也会有分离焦虑。

　　欣欣妈妈　　我女儿第一次上幼儿园的时候，我送她到园门口，以为她会抱着我哭闹，谁知道她转身就开开心心地进园了，头也不回，我还有点小失落呢。

大咖说

朱素静　中国福利会新城幼儿园园长，兼宋庆龄幼儿园副园长

人的一生要经历各种形式的"转换"，"转换"是指从一种生存环境、学习水平和经历向另一个阶段的过渡，2-3岁的孩子从家庭到托儿所或幼儿园是生长过程中的第一次转换，是他们人生旅途中必经的一件大事。而孩子去幼儿园学习的其中一项重要内容就是自理能力。虽然刚开始，幼儿因初入幼儿园的焦虑，会造成生活方式的各种不适应，表现出吃不好，睡不好，但是教师会积极引导孩子建立健康的生活状态。例如：应对吃饭慢，胃口不好，要大人喂的孩子怎么办？教师会通过三个阶段来调整这一状况。第一阶段：消除心理障碍；第二阶段：改善进食习惯；第三阶段：适当调整运动量，使其产生饥饿感。所以，家长大可不必时时刻刻地担心，如孩子入园前在家已经形成不良饮食习惯的，家长应该配合幼儿园教师一起，秉持"温柔而坚决"的原则，赋予孩子耐心与爱心，让孩子在善意和宽容的氛围里慢慢学习，慢慢培养更有利于孩子健康生长的习惯，那么其自理能力就会自然而然地习得了。

家长对孩子入园后可能出现的任何焦虑反应都应该用平静的态度去对待。家长可以事先跟老师取得联系，幼儿园会安排一个家长、孩子与老师同时出席的面谈。在这个过程中，孩子能与陪伴他的老师增进熟悉感，同时有机会认识一些幼儿园精心准备的标识。幼儿园为了帮助孩子熟悉并接纳新环境，会专门设计一些标识，利用孩子以自我为中心的心理特性，引导孩子对幼儿园产生归属感。这些做法都能帮助孩子克服对新环境的陌生感和恐惧感，进而缓解焦虑反应。

主厨推荐
韩式西瓜面

魏瀚

活跃在生活与美食圈的
时尚偶像派厨师

推荐理由：

　　由于冷面的主要材料荞麦、地瓜、土豆等都是秋季收获的，在过去冷面是秋冬季的特色美食，而现在人们却常常在夏季食用冷面。韩国冷面在食用时要加芥末，其理由是因为冷面的主要材料荞麦为胃寒食物，加上汤料也是冰的，容易引起胃寒，因此加芥末是为了让食用者身体恢复温暖。此外韩国冷面都要放鸡蛋。先食鸡蛋能保护胃黏膜，防止过冷的食物对胃造成伤害。

所需食材：

　　西瓜半只、苹果1只、水、苹果醋、芥末适量、鸡蛋1个、小辣椒、芦笋、黄金菇及其他蔬菜，可根据各人喜好加入。

制作步骤：

步骤一：切开半个西瓜，并取出果肉。

步骤二：将一个苹果切小块。

步骤三：将两种水果放入碗中加入苹果醋、水、芥末，可以适当加入小辣椒，调制拌面汁。

步骤四：汆烫芦笋、黄金菇等一些蔬菜，再加入鸡蛋。

步骤五：把适当的泡菜和汆烫的蔬菜放入拌面汁。

步骤六：将一包荞麦面和蟹肉棒放入水中煮熟。

步骤七：静置片刻的拌面汁加入糖、盐等进行调味，并放入煮好改刀的蟹肉棒。

步骤八：把煮好的面条放入冷水中过凉。

步骤九：把面条和拌面汁放入碗中完成最后料理。

阿姨帮帮忙
——跟阿姨之间的相处之道

问：我能和阿姨成为知心朋友吗？

小荷：当你提出这样的问句，其实就已经在抗拒阿姨了。就好像有人问"我可以跟同事成为朋友吗""我可以跟邻居成为朋友吗"，该怎样给出一个统一的答案呢？说到底，阿姨和同事、邻居以及你周遭各种各样的人一样，要成为知心朋友，就要在财务上彼此清楚，要有好人品，关键得气场合得来。当你们之间有了足够的默契，又怎么会去在意她是不是阿姨呢？

问：一个月有 31 天，就要多算一天的钱吗？

小荷：我的确遇见过这样的状况，某个月阿姨来找我，说本月有 31 天，薪水应该要多出一天才对。虽然多付一天的钱不是多大的事，但我心里是很别扭的。可转念一想，终究还是因为最初没有把薪水计算方式清楚明白地写在合同上。无论你多么羞于谈钱，都要记得在一开始硬着头皮把财务问题谈清楚，这也是为了往后的愉快相处啊。

问：要不要在阿姨身上投入感情？

小荷：这个问题听起来像是我们能肆意操控自己的感情似的。事实上同在一个屋檐下，你很难不为她投入感情。如果你们恰好彼此适合，就像是之前在我家工作过的一位阿姨那样，她努力帮助内向的小南瓜一步步变得开朗，而我时刻惦记着她，给她女儿买小礼物，这样的感情投入，就让我安心又开心。

问：阿姨跟家人闹矛盾了，我该站在哪一边呢？

小荷：我们当然可以正义无比地说，从把阿姨领进家门的那一天，她就跟家庭成员们一样是平等的。可现实是，咱们跟爹妈之间都还有亲疏之分呢。也别说什么帮理不帮亲了，这时我会选择做个和事佬，两头卖个萌。家里的事，说复杂却又特简单，无非就是一个情字。感情是矛盾的软化剂。

问：可以借钱给阿姨吗？

小荷：那么请问，可以借钱给朋友吗？当这个问题的宾语变成阿姨，似乎看上去就变得不一样了。我不鼓励委屈自己充大方，这跟借钱给朋友是一回事儿，在心里衡量一个数额，这个数额你觉得值得借给对方，并且不指望对方归还。借出去的时候，当然还是要写下借据。为了避免尴尬，你不妨在金钱之外，给予更多心灵上的关怀。她若是个明白人，想必会懂得你的真心。

问：宝宝一口方言让我哭笑不得，怎么办？

小荷：作为一名主持人，如果小南瓜受到阿姨影响，学得一口地道方言时，我的内心会极度崩溃的。别的事都好商量，可但凡影响到小南瓜成长的，我都得做一回"坏人"。

问：碰到强势的阿姨我应该惯着她吗？

小荷：强势的人让谁都有些犯怵的，但我所遇见的强势阿姨，往往也很有责任心。当然，当她的强势影响到你的日常生活了，使你心烦意乱了，务必及时跟阿姨交流，告诉她有哪些方面你是不可以妥协的。别躲在房间里生闷气，有时阿姨根本不知道她在哪里伤害了你。

问：懒阿姨我就要代劳吗？

小荷：懒同事你会代劳吗？懒下属你会代劳吗？如果嗜懒成性，那就真的只能请她离开，毕竟阿姨到家里来是工作的，本分做好了再来谈感情也不迟。但是，你真的确定是阿姨懒，而不是你要求得太多了？

问：辞退阿姨至服务时间到期的这段日子特别心绪不宁，怎么办？

小荷：最难熬的，莫过于从辞退阿姨到她彻底离开家的那段时间。我担心着阿姨会不会因为我辞退她，而在最后的这段工作时间里对孩子不上心。也想过辞退当天请阿姨结束工作，但这样似乎坏了规矩，通常都是要提前一两周通知的。后来我想了个痛快的办法，直接多付给阿姨一周或两周的薪水作为补偿费，这样一来，我虽然损失了点小钱，但是省了大心啊！

奶茶留言板

韵韵妈妈　因为实在换了太多阿姨，在面试阿姨方面经验丰富，朋友都叫我"面试阿姨达人"。我面试阿姨分几个步骤，先电话交流，通过了以后再叫到家里来面试，面试有三不要和四验证原则。三不要是口音重不要，不合眼缘不要，经验不丰富不要，比如泡个奶、换个尿布，动作娴熟的程度就可以看出经验够不够。四验证就是看阿姨的身份证、健康证、劳动技能证和前东家推荐信。我现在这个阿姨是上海人，习惯方面跟我们完全一致，比较适应，而且阿姨不仅给宝宝辅食做得好，还烧得一手好菜，我和我老公都特别喜欢吃。

跳跳妈妈　我找月嫂的过程还是比较顺利的，我们请的月嫂属于学术派，比如碰到什么事，不管是我婆婆还是我跟她说了什么建议，她会听，但是做起来还是按照她的流程来，我就问她为什么不改，她就一套套跟我说理论，我网上查了下发现她确实有道理。

菲菲妈妈　我家阿姨在我家三年了，我第一次看到她黑黑瘦瘦的，并不想用，结果她跟我说你带我回去，我不怕吃苦。当时，其他阿姨都是双向选择的，只有这个阿姨是主动来跟我接触的。最让我感动的是这个阿姨过年不回家，她对我说你们出去旅游我就回家，不旅游我就不回去。她要么年前回去，要么过完初八才回去，现在很多阿姨都做不到。

95

大咖说

柏万青 上海市人大代表、明星调解员

我的婆婆在世时家里请过一个阿姨。我跟阿姨相处还是可以的。我是这么想的：

第一，对阿姨用人不疑，疑人不用。在选择阿姨时，应该对她的情况了解清楚，特别是什么地方人。我婆婆是宁波人，一般浙江人比较合适，风俗习惯、生活习惯一致，语言比较好沟通。阿姨的家庭情况也要了解清楚，如果家庭成员支持她来上海做家政的比较合适。如果家庭成员之间有矛盾的话，就容易把家庭矛盾带到东家来。我媳妇生了孩子后，请了一位四川女子，因为夫妻有矛盾，丈夫反对她做家政，扬言再不回家要闹上门来，媳妇无奈只能辞退。一旦确定了人选就应该信任对方，不要无端怀疑，因为阿姨也是有尊严的。如果选准了也就不会发生"遇到强势的阿姨是不是应该惯"和"遇到懒的阿姨我要不要代劳"的问题。只要一发现阿姨强势、懒惰应该尽快辞退，因为一般请阿姨到家里来要么是照顾老人、要么是照顾孩子，阿姨没有选准会影响生活质量，影响一家人的情绪和工作。

第二，对阿姨要尊重。老年人一般容易用老眼光看阿姨，认为是下人，佣人，因此经常会与阿姨发生矛盾。我家阿姨主要是照顾婆婆，她们之间的关系不好，就会影响阿姨家政的质量。所以我一般很尊重阿姨，遇到多一天，少一天，工资我们总是往上靠，不会斤斤计较。人与人之间往往是这样，东家不计较，阿姨也就不计较了。一次婆婆的破袜子不见了，怀疑是阿姨拿了，还搜她的身。阿姨感到受了侮辱，气得要退工。我知道万一阿姨一走了之，就苦了我。我一个劲地跟阿姨打招呼，阿姨说："我今天看在你的面子上才留下来。"

主厨推荐

冬瓜茶

魏瀚

活跃在生活与美食圈的
时尚偶像派厨师

推荐理由：

　　原料取用容易找到且价格平实的食材。遵循手工古法酿造的传统，冬瓜茶所选原料和制作过程非
常考究，需采用优质天然原料，经科学提炼精制而成。具有清热解毒、生津止渴、清肝明目之功效，
是延年益寿的理想饮品。

所需食材：

　　冬瓜 1000 克、玉米须 50 克、红糖 100 克、白糖 100 克。

制作步骤：

步骤一：冬瓜洗净切小块放入锅中。

步骤二：加入白糖、红糖浆搅拌后静置 5 分钟后
自然出汁。

步骤三：加入清水、玉米须熬煮 2 小时，过滤饮用即可。

如果不喜欢的基因可以被删除
——你的哪些糟糕问题在遗传

宝宝们长成什么样，是基因主导的，
而他们日后会成为一个怎样的人，却是靠爸妈的努力来决定的。

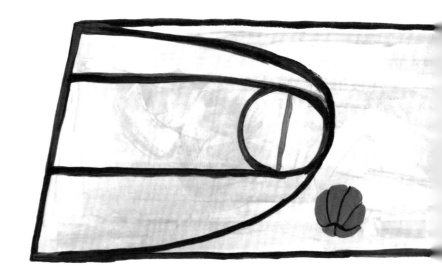

宝宝你怎么不学点好的呢

妈妈生完孩子哭了，有两种可能。

第一种，妈妈因为宝宝的诞生无比感动，喜极而泣；另一种，妈妈是被孩子给丑哭的。

我认识一个新任妈妈，历经周折把娃给生下来了，护士把宝宝抱到她跟前给她看，她一看孩子的脸，顿时比方才生娃的时候哭得更惨了。

听起来有些令人哭笑不得，可只有当妈的才不会把这当成一个笑话。

我生小南瓜的时候也差点哭了，心里仰天长叹：为什么女儿的眼睛要长得像她爹呢！

她爹是非常有自知之明的，还在我怀孕的时候他就屡次担心，万一宝宝的眼睛跟他一样袖珍，岂不是坑了宝宝？他甚至病急乱投医地拜托我：老婆大人，如果生女儿，你一定要把女儿生成大眼靓妹好吗？

我苦笑，哈哈，那我努努力吧……结果还是跪倒在强大的基因面前，五体投地。

多少宝宝是带着父母的优良基因来到这个世界的？这个数字我无法统计。但就我了解到的情况，不少妈妈都吐槽，宝宝简直把爸妈的坏毛病都给遗传了。

比如发际线天生靠后的，牙齿不整齐的，天生发胖的……孩子真是父母的一面镜子，自己身上的臭毛病，全都从孩子身上看到了。有些例如对食物过敏的遗传，甚至会威胁到宝宝一生的生活质量。

宝宝啊，咱就不能学点儿好的吗？

要是基因可以修改就好了

有的爸妈实在是无厘头，总能想些奇招去改变孩子身上的遗传现象。比如单眼皮的宝宝，就让他多看双眼皮的照片，据说是会起效的，当然我并不敢苟同。

其实这种心情是可以理解的，谁都希望自家孩子可以更完美。我看看身边沉默的小南瓜，心里直嘀咕，要是她不是处女座就好了，为什么要跟她那个"闷蛋"爸爸一样是处女座呢？

在她更小的时候，只有遇到特别投缘的人才能好好地相处，别的人，她全是一副冷漠脸对待。说得好听点儿这是会挑人，说得不好听那就是交际障碍了。

她也很少喜形于色，总是把情感封锁在心里。我妈每回看到，都会悄悄飘过来在我耳边说，你看看你女儿，又发闷了。

有一个做主持人的外向型妈妈，女儿怎么还会这么内向呢？老公说他的小算盘又一次打错了。我说没关系，既然她天性比较沉闷，那咱们就为她创造一个良好的后天环境吧。

于是呢，我经常组织她跟别的小朋友一起玩。她要是装木头人，我就撺掇她去跟别的小朋友说话。如果条件允许的话，我也会尽可能把她带到我的工作场合，或参加各种社会活动，尽最大的努力让她感受到与人交流的快乐，性格能变得更像我一点，更开朗明媚一点。

我们的努力会影响孩子的未来

后来我从专业人士处了解到，其实遗传这件事儿，是不能一概而论的。

在性格上，遗传占四成，六成靠后天影响，情绪表达也是后天养成的，至于偏执、行动力快慢，这些就是属于遗传主导了。

这对我来说是一个好消息和一个坏消息。

好消息是，小南瓜不太容易跟人熟络的问题是可以解决的！我想，只要按照我的方法，在她性格形成的过程中，循循善诱，她一定会突破基因对她的控制，变成一个我心目中乐观开朗的小姑娘。

而坏消息是，她眼睛的大小，真的就只能听天命了。当然你可以说，长大了之后，对自己不满意还可以去整容。

到了现在，我想，对于咱们这些在孩子的基因遗传方面感到有些遗憾的爸妈来说，那些被遗传决定的内容，我们再怎么努力也很难改善，就不要一直成为我们的心结念念不忘了。在孩子的成长过程中，咱们唯一能做的，或许就是从自己开始，给孩子营造一个适合她的健康的成长环境。

宝宝们长成什么样，是基因主导的，而他们日后会成为一个怎样的人，却是靠爸妈的努力来决定的。

奶茶留言板

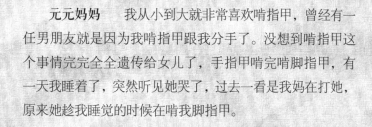

　　元元妈妈　　我从小到大就非常喜欢啃指甲，曾经有一任男朋友就是因为我啃指甲跟我分手了。没想到啃指甲这个事情完完全全遗传给女儿了，手指甲啃完啃脚指甲，有一天我睡着了，突然听见她哭了，过去一看是我妈在打她，原来她趁我睡觉的时候在啃我脚指甲。

　　闹闹爸爸　　儿子和他妈妈性格很像。我下班回家喜欢热闹一点，门一开就说爸爸回来啦，结果老婆和孩子都不理我，一个玩手机一个玩 iPad，只有狗狗来迎接我。我问他们今天玩得怎么样，两个人也不理我。到了晚上要睡觉了，两个人的问题都来了，"爸爸，我和你说……""老公，我和你说……"说个没完。

　　悦儿妈妈　　我老公属于外冷内热型，不大说话，甚至有时候我妈妈跟他说话，说两三遍都没什么反应，你要很认真地跟他较劲了，他会说我回答你啦。我老公爱搭不理的就算了，我儿子也这样。出去玩的时候有朋友看见他说好可爱啊什么的，他理都不理人家。

大咖说

颜景斌 上海市儿童医院上海医学遗传研究所副研究员

遗传是什么？

从专业角度讲，遗传就是性状在亲代和子代间传递的现象或过程。通俗点讲，遗传最直观的体现也就是所谓的种瓜得瓜，种豆得豆。所以小孩有的地方像爸爸，有的地方像妈妈。

爸妈都有心脏病，孩子一定会遗传吗？

先天性心脏病具有较强的遗传因素，大概占到 50%-60%。如果夫妻双方都有心脏病，那么小孩得病的概率比正常人要高 5-10 倍。但心脏病不仅由遗传因素决定，环境因素也很重要。人类的心脏发育在怀孕后前八周完成，八周后心脏就基本发育成熟。所以，在怀孕后的前八周要注意环境因素，比如病毒感染或接触放射线，都很容易造成心脏发育异常。另外，孕妇的心情也很重要，心情异常糟糕的情况也会造成胎儿发育的异常。

体型的遗传因素大吗？

腿形、身材和双眼皮是一样的，是有一定的遗传因素的。但并不是完全由遗传决定的，一些后天因素，比如营养、锻炼，都是有一定影响的。

父母都是近视眼，孩子还有"救"吗？

近视分几种情况，一种是家族性的，如果父母双方都有高度近视的家族史，小孩得高度近视的可能性很大。但在普通人群当中，真正的近视眼更多还是用眼卫生、用眼习惯等方面的因素造成的，这样的近视就没有太多遗传因素。

主厨推荐 12。
亲子饭

魏瀚

活跃在生活与美食圈的
时尚偶像派厨师

推荐理由：

　　亲子饭是日式盖饭的始祖，有 100 多年的历史。亲子饭的"亲"代表鸡肉，"子"代表鸡蛋，看
到两种材料间的关系，便不难理解为什么把这菜式命名为亲子饭了。做法很简单，适合家长和宝贝一
起分享。

所需食材：

　　鸡胸肉 100 克、鸡蛋 2 个、白味噌 10 克、苦菊沙拉。

制作步骤：

步骤一：首先将两只鸡蛋调味加水后搅拌均匀，然后热锅冷油翻炒鸡蛋，制成滑蛋后待用。

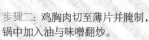

步骤二：鸡胸肉切至薄片并腌制，
锅中加入油与味噌翻炒。

步骤三：在米饭中加入滑蛋与
鸡胸肉，并加入苦菊沙拉（亦
可加入生菜丝）增加营养。

105

女儿 7 岁，"小女婿"已为她订好结婚时的酒店
——你家小朋友早熟了吗

我盼望着小南瓜长大、成熟，
可我不希望她成为早熟的小朋友，
不希望她过早的被"男朋友"带离我身边。

不是早熟，只是模仿

我常领着小南瓜参加朋友们的聚会。有娃的妈妈们通常都会把自家宝贝带来，关系好的姐妹，总是会开玩笑地攀攀亲家。

我以为这只是大人间的玩笑话，没想到一个朋友的女儿最近真的"被定亲"了。

她女儿在班上是个小红人，两个男孩子同时"追"她，经常为了她"争风吃醋"。其中的一个男孩对她女儿"追"得很紧。有一回，小男孩在三亚看到一间酒店很别致，是用高高低低的树枝搭建而成的，刚好搭成她家女儿 Happy 的英文名。男孩让他妈妈拍下酒店的照片发给我朋友，问：20 年后我跟 Happy 在这里结婚，行不行？

半个月后，再次遇到那个朋友，她终于松了一口气，原来"小女婿"想要结婚的原因是："这样我就可以天天在 Happy 家吃饭，可以和 Happy 一起做作业，一起出去玩了。"

朋友说："我问我家'小女婿'，为什么非要跟 Happy 结婚而不是其他人呢？他说，家里大人都很喜欢 Happy，经常夸 Happy 这里好那里好，甚至说过，干脆以后许给儿子做媳妇儿好啦。"其实，我觉得孩子有结婚这样的想法算不得早熟，只是受到了大人的影响，单纯地模仿而已。不过咱们还是不要在孩子面前过分夸赞某个异性小朋友了。

宝宝性早熟了怎么办

可我还是担心，毕竟性早熟的情况正以每年 30% 的速度在增长。

听说有些食物会引起孩子性早熟，所以我家厨房里再也没有出现过那些众所周知的含有激素的食物。后来，专家朋友告诉我，虽然有的食物，比如深海鱼，里面的金属成分高，的确不能多吃，但其实更需要被家长们在意的，并非是什么食物不能吃，而是怎样搭配食物的比例。通常情况下，三素一荤为好，不要高蛋白。现在的小孩子性早熟，营养过剩是主要原因。

更出乎意料的是，我一直以为，家是世界上最安全的地方，没想到家里也有很多影响早熟的危险源，并没有被我重视到。比如洗洁精、杀虫剂、塑化剂、小夜灯这些不起眼的东西。

杀虫剂、塑化剂可以杜绝，可是洗碗总不能不用洗洁精呀，小夜灯又是什么情况？我真的是完全不理解。

有专家说，人的体内自带了各种激素，有的白天分泌旺盛，有的则是夜间活动。要是晚上睡觉的时候，孩子一直处于光照的条件下，就会破坏体内激素的分泌节奏，引起性早熟。

这简直太让人防不胜防了。

我盼望你长大，却不愿你早熟

我盼望着小南瓜长大、成熟，可我不希望她成为早熟的小朋友，不希望她未来的男朋友太早地把她带离我的身边。

我喜欢每天早晨出门的时候，在她床边俯下身来亲吻她的小脸，对着睡迷糊的她说"妈妈出门了啊，囡囡在家要乖呀"；我也喜欢每当我疲惫脆弱的时候，她跑过来爬到我的腿上搂住我的脖子，说"妈妈我爱你"。

开车送小南瓜去幼儿园的路上，我总是开得很慢，这样会让我觉得，自己能陪小南瓜的时间可以变得更长一点。

但这样的逃避也不是办法，她无时无刻不在长大。我想好了，假如小南瓜再问我"妈妈，我是从哪儿来的呀"，我不会告诉她任何答案，而是送给她一本可爱的性启蒙绘本，她会靠自己从书上了解，女生的胸部为什么会变大，男生的嘴边为什么会长胡子，以及，自己究竟从何而来。

性启蒙要在合适的年龄，让孩子明白性器官和眼睛鼻子一样，只是身体的一部分，同时明白性器官也是我们非常私密的部分，学会保护自己，不受到伤害。

我不打算告诉她这个世界是什么样的，我只想告诉她：无论你的世界变成什么样，妈妈都会一直陪伴在你的身旁。

奶茶留言板

欣欣妈妈 女儿上幼儿园时，有个叫乐乐的男孩和她特别好，每天放学两人在幼儿园门口都要抱一抱。一天我去接女儿，乐乐飞奔过来，女儿却躲开了。她悄声告诉我，乐乐拖着鼻涕虫呢。过了几天乐乐感冒好了，两人又和好如初。

岚岚妈妈 我女儿幼儿园里的一个男生过生日邀请班上的同学去他家玩，女儿一回到家就冲回自己的房间开始挑衣服，最后挑了自己觉得很好看的裙子。那时候大夏天，她穿了一条不符合季节的裙子，外婆说这个会热吧，她说没关系，好看就好。外婆说那走吧，她说我还没有化妆呢，然后涂粉啊，抹口红。等她一切搞定，外婆又催她了，她说等一下，男生不来接我我怎么可以去。话音刚落，我们家门铃响了，那个小男生真的来接她了。

咔咔妈妈 和儿子上同个幼儿园的一个小女孩非常可爱，我和老公都非常喜欢。有一次幼儿园组织春游，又见到那个小女孩，我就一直在说她好可爱呀，然后我儿子冷不丁地冒出一句："哎呀，好了好了，我知道了，不要再说了，我长大后和她结婚好了吧。"

111

陈津津：上海市儿童医院儿童保健科主任医师、儿科学博士

陈默：华东师范大学心理咨询中心特聘高级心理咨询师

孩子对性方面的问题感兴趣怎么办

陈津津：这个问题是我们每一个家长都会碰到的，我在临床工作中经常会碰到对此处理得不好而造成后遗症的案例。其实大家往往忽略的是你先要了解孩子问你这个问题的背景是什么。我曾经看过一个故事，对大家可能有启发。一个小女孩回家问妈妈，我是从哪里来的。然后她妈妈花了一个小时的时间，搜肠刮肚想尽各种"合适"的词汇，结结巴巴地去给她解释，爸爸妈妈怎么恋爱、怎么结婚、怎么生子的。最后女儿很无辜地望着妈妈说："我们班今天新来了一个小朋友，他说他是大连来的，所以我想知道我是从哪里来的。"好笑之余，不得不提醒我们的家长，在遇到这样的敏感问题时，最好谨记两点：第一，针对孩子所提问题本身回答，不要过度发挥成人的联想能力，对于没有出现在字面中的内容，你不问，我不主动拓展，这其实能更好地配合孩子当下的认知水平。第二，无论被问及什么问题，一定从容自如地回答，或从容地告知目前回答不了，

让我去查一查，再回答你。要知道，孩子是非常好奇的，你越紧张越躲避，他就越有兴趣刨根问底。

生活中什么因素会导致儿童性早熟

陈津津：首先我们来谈谈食物，因为最近网络上广为传播着一个导致性早熟的"食物清单"，可谓五花八门、品种繁多。很多家长常来询问是不是这个也不能吃，那个也不能吃，我给到的答案是都能吃。举几个代表性的例子吧，网上写的第一个不能吃的是喂了避孕药的黄鳝，其实这个人民网早就辟过谣，因为随意给饲养的动物添加性激素，只会加速动物的死亡。第二个是顶花带刺的黄瓜，大家都觉得是激素催熟的，但即使真使用了，那也是植物生长激素，与哺乳动物的性激素完全不是一类物质。第三个是牛初乳，的确会比一般的牛奶雌激素含量高一些，但是它并不比人初乳中的激素更高，所以给到大家的建议是不要长期吃牛初乳。至于像炸鸡这一类的食物，更多是由于营养过剩间接产生的影响，体内的脂肪代谢与甾醇类的性激素合成有着密切的联系，目前很多研究提示儿童肥胖特别是女童的肥胖与性早熟有着明显的相关性，所以我们更应该做的不是杜绝各种食物，而是从膳食的总体出发，控制热卡总量，注重荤素搭配的营养均衡。从中国营养学会提供的膳食金字塔上，可以看到，每日建议的蔬果类摄入量是动物性食物的三到四倍，而这一点是值得我们重视，并有效进行调节的。

但是有些与性早熟有关的因素，我们可能就没有足够有效的手段去加以阻止了，譬如大环境。随着工业化革命，大环境当中已经充斥了很多我们称之为环境内分泌干扰物的东西，像邻苯二甲酸酯、双酚 A、多氯联苯、多溴联苯、烷基酚类、硝基苯类、滴滴涕（DDT）及其分解产物、六氯苯、六六六、艾氏剂、狄氏剂、镉、汞、有机汞、等等。这些物质广泛存在于我们的日常生活用品中，如洗涤剂、塑化剂、表面活化剂、杀菌剂、杀虫剂、除草剂和有机金属等。而越来越多的动物实验显示这些物质通过摄入、积累等途径，干扰体内激素的制造、释放、传送、代谢、结合等，最终导致动物体和人体生殖器障碍、行为异常、生殖能力下降等，性早熟也是其中的一种表现。举个例子，大家是不是觉得反式脂肪酸是一种不利于健康的物质，但我要告诉大家的是，所有的反刍动物体内本身就含有一定量的反式脂肪酸，其实对我们人体来说，内分泌干扰物不是一个剧毒物品，它对人体产生的不利影响，除了与它本身是什么物质有关外，还要结合积累量、持续时间等因素的影响，所以我们在日常生活中也不用过度紧张、因噎废食，请放松心态，重视营养均衡、减少过量持久地摄入或接触内分泌干扰物即可。

小男孩和小女孩互相喜欢是不是心理早熟

陈默：家长想得太多，这完全就是家长的游戏。你们在玩"游戏"，小孩其实就是你们的"道具"。还有家长要注意，家长说的话很容易进入小孩的潜意识。那么小的小孩在幼儿阶段有一个伴，不管是同性还是异性，他一定会投入感情的，但是这个感情不是我们理解的爱情。

还有一些小女孩爱美爱化妆，是不是早熟

陈默：这实际上还是模仿。这个问题有几层含义：第一层：所有的小孩都会模仿，模仿是长大的需要，模仿同性别的家长是最早的模仿；第二层：孩子有一个对同性别家长认同的心理现象。举个例子来说，有个小男孩，他爸爸是警察，小孩就戴他爸爸的警察帽子，穿爸爸的大皮靴，心里想着我是警察，所以这些都是小孩的正常反应；第三层：人实际上都带着集体潜意识、集体无意识来到这世界上，你看小男孩天生就喜欢属于小男孩的玩具，小女孩就是喜欢娃娃之类，这就是集体潜意识的表现。这三层都会导致孩子在这个年龄极力模仿。

主厨推荐 13。

龙猫饭

魏瀚
活跃在生活与美食圈的
时尚偶像派厨师

推荐理由:

　　风靡日韩的龙猫形象出现在餐盒里面,怎么能让人不疯狂。简单的做法,却可以完成如此可爱的料理,相信你给小朋友的爱心便当,一定会收获超级多的惊叹赞美。

所需食材:

　　米饭100克、芝士50克、海苔10片、午餐肉1罐。

制作步骤:

步骤一:午餐肉切1厘米薄片,制成龙猫雏形。

步骤二:将午餐肉入油锅煎炸至两面焦黄。

步骤三:按照午餐肉形状将芝士片切好备用。

步骤四:根据个人喜好将海苔剪制成各种形状装饰。

步骤五:根据午餐肉大小将米饭压制成形装盘。

步骤六:将午餐肉及芝士等配料根据龙猫形状摆盘即可。

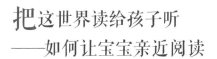

把这世界读给孩子听
——如何让宝宝亲近阅读

你或许拥有无限的财富，

一箱箱的珠宝与一柜柜的黄金。

但你永远不会比我富有，

我有一位读书给我听的妈妈。

——美国著名阅读研究专家吉姆·崔利斯

116

阅读很美，也会让生活充满美感

我有两个爱好，陪了我很多年，一个是喝咖啡，一个是看书。

从少女时代我就开始爱看书了，那时会看些女性作家的爱情小说，后来长大些，我爱读王安忆和苏童，当然，对王小波更是情有独钟，我喜欢他的人生态度，看他的书，总是从头笑到尾的。

阅读真的是会让人欣然微笑的，哪怕看的不是机智幽默的王小波。

但我发现，很多人似乎无法把阅读当成是一种乐趣。看看书店，卖得最好的排行榜上，往往是"满分作文""最强阅读"之类的字眼，硝烟弥漫。我不知道在现在的少男少女们心里，阅读，是不是大都意味着语文考卷上的那几十分。

我在德国、法国旅行的时候，发现无论是舒适的咖啡厅，还是街边的长椅，都可以成为当地人阅读的场所。那场景，实在是很优雅很美好。

这一两年，妈妈们之间似乎都开始聊起绘本对孩子的益处。其实绘本在国外早就已经得到了重视。

真的好羡慕现在的宝贝儿们，居然能看到那么多美丽的绘本，尤其是英语原版绘本。

我想，要是能让英语成为孩子的一种工具，而不是敌人，是件挺好的事儿。

阅读不是一个人的事儿

很多人觉得，阅读是一个人的事儿，可宝宝们的阅读，却是家长和孩子共同的事儿。

如果孩子不愿意主动阅读，那么咱们就换一种方式吧。

我有个朋友她的孩子起初也不太热衷于阅读，于是，她经常会准备一堆道具，自己来当主演，把书里的剧情表演给孩子看。

碰上节假日，她还会带孩子设身处地地去感受故事。比如某本绘本的故事发生在森林，她就带孩子去森林，孩子特别喜欢这种形式。

有本书里的主人公是小蚯蚓，于是，她带着孩子去抓了一些蚯蚓回来，一起研究蚯蚓的日常生活，帮助孩子观察，也解答孩子的很多疑问。后来她还跟孩子一起做了蚯蚓的创意图画，画出脑海中想象出来的蚯蚓世界。这种体验真是太棒了！

如果爸妈觉得自己创意没那么丰富，也不用担心，不如试试指着文字读故事给孩子听，听着听着，孩子还能顺便认识不少文字。

这种方法不如前面所说的那么生动有趣，所以孩子难免会无法长时间集中注意力。有的家长可能就不爽了，于是呵斥孩子，或者索性没了耐心不读了，这可不太好。

孩子在成长期就是这样的，我们不能要求他像大人一样专注。为了孩子，多付出一些耐心和想象力吧。这世上，没有不爱听故事的孩子，只有不会讲故事的爸妈。

没有时间也可以陪孩子阅读

有的爸妈跟我皱眉头，说，虽然他们也想付出耐心和想象力，可工作那么忙，哪有时间呢？

在我看来，没时间这种借口实在是不成立的，何况，陪伴孩子阅读，一天十分钟左右就好了，十分钟总还是能挤出来的吧？

另外，也没说陪孩子阅读就是爸妈的事儿，其实完全可以拜托爷爷奶奶外公外婆来助阵，老人家有耐心，也有时间，他们说不定会比爸妈做得更好呢。

如果家里实在没有人能抽出时间陪孩子阅读，也没关系。如今有一些公益性的阅读俱乐部，在那里有很多志愿者妈妈可以给孩子们讲故事。

要是你所在的城市没有这样的俱乐部，那就掏出手机下载一些故事App 吧，让手机里的"故事大王"们陪伴孩子阅读。

养成阅读习惯的孩子，在进入小学之后就能看出明显的优势了。无论是理解能力，还是上课发言时的语言表达能力，都会有出色的表现。语文课会成为他的兴趣班，而不再是令他苦恼的一门学科。

在孩子还不能主动地阅读之前，就让我们当爸妈的，把世界读给他们听吧！

奶茶留言板

啾啾妈妈　我觉得小孩子的阅读很重要，而且越早越好，所以我从女儿刚出生的时候就给她读我想看的书，她稍长大一点就给她买低幼的绘本、纸板书之类的书，一直坚持了三年多。

瞳瞳妈妈　我本身就是做电台工作的，我和我女儿开了一个电台叫"瞳话"，我们共同创作故事，她很喜欢参与创作的这个过程，一只熊和一只兔子她能发展无数的事情，我把这些故事录制成一章节一章节，我觉得这是个很有趣的事情。

行远妈妈　我大学读的是中文系，创作过两本童话，大学毕业我进了会计师事务所，而且一做就是十年。我本身还是很热爱阅读热爱文学，有了宝宝以后陪他看绘本，一下子我内心的创作欲望又被激发了，我就开了一个公众号，想通过这个分享儿童阅读的公众号传达我对儿子的爱意。

大咖说

秦文君 著名儿童文学作家、上海市作家协会副主席

现在的孩子，受新媒介的影响，会觉得阅读比较难，我在今年"4.23世界阅读日"给上海的 400 位教师做讲座的时候，说到让孩子走心阅读，已经成为世界难题。但阅读太重要了，能让一个小孩学会安静，学会语言，学会思考，学会对美的向往，所以早期的阅读引导就格外重要。

早期阅读要给孩子们优质的童书，更需要注重方式，只有孩子接受了，觉得有趣、有意思，这些好童书才能真正陪伴孩子度过童年时光。

记得我从女儿 3 岁起引导她阅读，起初她并不爱看书。为了勾起女儿对书籍的兴趣，我绘声绘色地读书给女儿听，她只是偶尔从玩具里抬起头。几番思索，我根据女儿爱探索爱体验的特点，决定让书籍"动"起来。全家人一起和女儿扮演书里的角色，通过角色扮演让女儿爱上书。果然，女儿对这种方式很感兴趣，兴冲冲地为自己选角色，为了表演得更逼真，我会专门买来面具等道具。

通过将书里的内容演出来，孩子能体会主人公的心情和当时的情境，更容易产生情感的共鸣，这样的方式我称之为"情境化阅读"。我女儿先读图画为主的书，然后升级读童话和幽默或优美的文学作品、植物昆虫、历史百科。现在她读理科博士，是读书万卷的人，还成为儿童文学的获奖作家。

后来，为了把这套培养女儿爱上阅读的经验分享给更多的人，我办了国内首家公益性少儿阅读会所——小香咕阅读之家，每年都会精心策划几场有趣的情境化阅读活动，在樱花盛开的季节，一起在院子里的樱花树下阅读日本儿童文学作品；在飘雪的冬日，布置满屋子的雪花，做一场关于冬日的阅读⋯⋯

主厨推荐 14.

小黄鸭馒头

魏瀚

活跃在生活与美食圈的
时尚偶像派厨师

推荐理由：

　　大黄鸭深受小朋友的喜爱，我们可以把卡通形象转化成手中可爱的美食。更类似于橡皮泥的制作过程，会让小朋友有极强的参与感，一起做出属于你们的小黄鸭吧。

所需食材：

　　白糖 10 克、面粉 1000 克、肉松、黑枸杞、食用色素、酵母 5 克、温水 480 克。

制作步骤：

步骤二：加入少许色
素将面团均匀上色。

步骤一：面粉与水搅拌和匀，并加入少
量食用油。

步骤三：面粉铺平，加入肉松等馅料，
并制成小黄鸭形状放入冰箱冷冻塑形。

步骤四：底部铺上蒸笼纸，
入蒸笼蒸制 15 分钟即可。

老公的"新欢"，是我的至爱
——女儿是爸爸的小情人

她是我的女儿。

她在我这里，只能幸福。

——《剩者为王》

127

自从有了女儿，老公变得会吃醋了

朋友的老公最近有点不安生。他们家女儿在幼儿园挺受男生欢迎，前两天，有个胆子大的小男孩跑去约他女儿看电影。

爸爸问女儿："你打算跟他去吗？"语气有点虚弱，有点忐忑，有点怕听到答案。

女儿也没想好，跟爸爸说，让她再考虑考虑。于是，她考虑多久，爸爸就要忐忑多久。

这位爸爸真的应了那句"我女儿在哪，我世界的中心就在哪"。

前不久我们一家三口去上海陕西南路的"马勒别墅"吃饭。这幢别墅是英籍犹太人埃里克·马勒于1936年建成的。建造的原因只是源于女儿的一个梦。小小的大门，进去之后有一幢色彩斑斓的别墅，别墅有挪威式的尖塔、哥特式的尖顶、中国式的琉璃瓦……我们走在园子里，就像是来到了一个北欧的神秘乡村，实在是美极了。

这么多年来，别墅几易其主，而父亲对女儿的无限爱意却被完好地保留了下来。

爸爸就是这样的，想要实现女儿的所有愿望，甚至为她建造一座华丽的城堡，因为女儿在爸爸的心里天生就是公主。

小南瓜的爸爸抱着小南瓜站在别墅大堂里仰头看着，悄悄对我说，不知道马勒的女儿出嫁时，马勒有没有哭，他现在光是想一想就觉得很舍不得，很想落泪了。

以前有一种讲法是"千万别让爸爸带孩子"，可我家南瓜爸爸说男人带孩子，是可以长知识长智商的！

我也不知道他从哪里学来那么多小妙招。比如感冒的时候我不想让孩子随便吃药，南瓜爸爸就给孩子煮了葱白水，说一般的感冒不用吃药，喝这个就能好；比如小南瓜拉肚子了，南瓜爸爸便会煮一点苹果水，确实蛮管用；孩子咳嗽了也不怎么吃药，南瓜爸爸在橙子上撒点盐，蒸一蒸给孩子吃，很快就见效。

　　我说你也别宠坏女儿了，爱就是克制懂不懂！她爸有些忧郁，说，现在不用力去爱，就怕女儿长大了，与女儿之间的相处会变得不太自然，会有点尴尬。

　　我笑他，这有什么好尴尬的？女儿大了，更是需要跟父亲多沟通。妈妈虽然跟女儿说起话来方便些，但成长中的女儿，可是少不了父亲给予的有力量的鼓励的话语啊。

　　我对南瓜爸爸说，女儿大了你们虽然不能这么腻歪了，但你们可以像老兄妹那样，用大人的方式继续沟通、相处，你就放心吧。

每一个爸爸都是大英雄

我一直觉得，女儿和父亲之间是有一种天然的默契的。

南瓜爸爸的工作很忙碌，经常出差在外，可女儿从来不会跟爸爸显得生疏。

有时南瓜爸爸出差好些天都不回来，小南瓜就会问："我好想爸爸呀，爸爸在哪里呀？"

爸爸说的每一句话，小南瓜都记得很清楚，还觉得爸爸说的东西很有趣。每回看到女儿在家里眼巴巴地盼着爸爸回来，我都有点小忌妒。

最近看电影《剩者为王》，被金士杰老师在影片中的一段话深深感动：

一直以来，我和她的妈妈都挺担心的，有时候甚至我们都会走偏了，觉得不管怎么样，她能找到结婚的对象就好了，找个会过日子的人好像我们也能接受，但到头来这些话都只是随便说说。

三十几年前是她来了，才让我成为一个父亲。我希望她幸福，真真正正的幸福，能拥有没有遗憾的婚姻。让我可以把她的手，无怨无悔地放在另一个男人的手里，才不至于将来我会后悔，当初我怎么就这么把她给送走了。

那一天什么时候会到来我不知道，但我会和她站在一起，因为我是她的父亲。

她在我这里，只能幸福，别的都不行。

这大概就是一个父亲疼爱女儿的心情——

你在我这里，只能幸福，别的都不行。

悠悠妈妈　　平时晚上女儿还是黏我的，她会对爸爸说悠悠要睡觉了，你好出去了，妈妈陪悠悠睡觉。但是只要爸爸出差了，晚上睡觉前她一定跟我说，悠悠要跟爸爸发微信。她在微信里说，爸爸，悠悠要睡觉了，你好好开会，妈妈给悠悠洗香香的，你放心，爸爸拜拜，我想你哦。我都没教她说这些话和说话的语气。

优优爸爸　　有次我生病了，优优跑去跟妈妈说，妈妈，我生病用的冰宝贴呢？她拿了冰宝贴来给我贴，然后在边上假装打针啊，给我配药啊什么的。我下班回来她会说爸爸你回来啦，你辛苦咯，我帮你拿拖鞋。我是喜欢运动的人，我是想生个儿子的，现在发现还是女儿贴心，她很会发嗲，有时候惹你生气了，她嗲嗲地说，爸爸你抱抱我，你能陪我说说话吗？我就消气了。

甜甜妈妈　　我小时候爸爸经常出差，他是做刑侦工作的，他的身份要保密，执行的任务也要保密，我们不知道他什么时候回来，不知道他的行踪。那时候也没有手机，只有一个公用电话，组织上会定时给我们打电话报平安，我每天都很担心，每一次离别我都害怕再也见不到爸爸。有次我印象很深，我那时候上小学，上课的时候我突然站起来，对老师说我要回家。老师说你怎么啦，快坐下。我说不行，我一定要回家。我不顾任何人的阻止冲回家，因为那天我爸要离开上海。我拼命跑回家敲门正好碰到我爸出来，我一把抱住爸爸说你不要走，我爸说我会回来会回来，然后带着我一起去火车站，最后还是我妈把我拖回家的。

大咖说

潘涛 知名主持人

　　女儿在哪，幸福就在哪。这句话传递出了为父心声。自从有了女儿，每每旁人谈起父女之情，我就格外留意，留心观察那些父亲在如何享受与抒发。然后，从中得到共鸣，好让自己的幸福感更强一些。

　　我们这些父亲常很偏执，把女儿当成自己的半条命一样对待，不辞辛劳，不畏艰险，不问付出，不急不躁……若是疏忽了一点，便会愧疚。如今我在北京工作，远隔女儿千里之外，那愧疚可大了。拿什么补偿呢？在我看来，有两点算是重要的：学习与陪伴。没有一个好爸爸是天生的，他一定是在宠爱之余多出一份警惕——不要让女儿和自己一起迷失在泛滥的疼爱中，继而捧起《斯波克育儿经》《儿童教育心理学》《好好做父亲》，一本一本饶有兴致地读着。读得多了，就可以在女儿身边有效地陪伴，哪怕远隔异地也有办法同女儿神交。对于父亲来说，陪伴是心甘情愿的，它本身就代表着幸福，哦不，它本身就是幸福！而这幸福会在女儿长大成人、谈婚论嫁时飘移或被剥夺吗？最终，我们还得向自己要办法，正如梁漱溟先生说的那样"自己对自己有办法"。在我看来，这还是大有希望的。

主厨推荐 15.

豆花糖水

魏瀚

活跃在生活与美食圈的
时尚偶像派厨师

推荐理由:

　　甜甜蜜蜜小情人,招牌豆花甜品,既补充了大量蛋白质,也有各种蜜豆的组合。小朋友 DIY 下午
茶的推荐之选。

所需食材:

　　日本豆腐 100 克、红豆 50 克、紫薯 1 个、红薯 1 个、黄桃罐头 1 个、巧克力碎、豆浆 500 毫升。

制作步骤:

步骤一:选择胶囊状日本豆腐,从日本豆腐
中间切开挤出并切成环状小块。(注意不要
破坏形状。)

步骤二:将紫薯、红薯对半切开,黄桃切薄
片待用。

步骤三:将切好的日
本豆腐放入开水中煮
十几秒。

步骤四:豆浆中加入蜂蜜,
在电磁炉上加热。

步骤五:将豆浆和豆腐依次放入碗中
搭配紫薯丁、红薯丁、蜜豆等。撒上
少许巧克力碎后略微进行装饰即可。

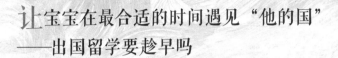

让宝宝在最合适的时间遇见"他的国"
——出国留学要趁早吗

宝宝，
我希望，有一天你会背起行囊，满怀自信，
搭乘飞往未来的航班，去往世界各地领略奇妙的美景。
我愿做你的双腿，而你，就是我的眼睛。

你为什么要送孩子出国?

除了世界地图，我还希望我的宝宝能真正地认识世界。

这是一位 2 岁宝宝的妈妈跟我说的，有了宝宝以后，她就下定决心，迟早有一天要把宝宝送去国外，去了解这个世界到底是怎样的。

见过多少世面，心里才有多大的空间，她和我想得一样，要多让宝宝出去见识见识，孩子会有别的小朋友没有的眼界，想问题才会想得更通透。

因为工作，我每隔一段时间就要出国一趟。等到小南瓜长大些，能坐飞机了，但凡能带上她的时候，我一定会带上她。我们去澳大利亚，去日本，去美国，去巴厘岛，我带她看袋鼠妈妈是怎样跟袋鼠宝宝相处的，看富士山前盛开的樱花有多么宁静。

但这些仅仅是旅行，而这位妈妈却说，她打算的是让孩子去国外求学，甚至定居。

我问她为什么非得如此，出去走走不就好了？她说她其实还有另一个考虑，那就是，她不想让自己的宝宝在国内经受惨烈的高考，她笑说："我带宝宝出去避避风头。"

在国外生活，可以开拓眼界，接受更良好的教育，得到更丰富的人生阅历，顺带着逃避高考。

如果你去问一对迫切把孩子送出国的爸妈，为什么要送出国，他们多半会这样回答你。

你确定自己的成功可以被复制吗

我认识的另一位妈妈，同样也是打算把孩子送出国去。她说："出国太值得了！"

在出国这件事上，她是有话语权的。

早些年，她以学霸的身份考取了国外的知名高校。她记得很清晰，国外的学生们完全都是靠自己打理着衣食住行，另一方面，在学习上，差别也非常大。

当时她询问在国内上大学的朋友们，平时都干些什么。大家基本都说，上上课，吃吃饭，睡睡觉，四年时间一下子就见了底。她万分庆幸自己是在国外念的大学，国外大学的很多课程都要做调研，所以大学的四年间，她几乎都是泡在图书馆里度过的，这让她对四年时光毫不后悔。

我想了想，问了她一个令她也答不上来的问题："你确定……自己的成功案例，能在宝宝身上再现吗？"

之所以有这样的担忧，是因为想起最近新闻里的报道。有的中国孩子跑去国外生活、学习，首先是语言基础差，其次性格比较内向，无论是学习还是生活，都非常成问题，他们自身的压力也很大，甚至有一些孩子因此患上了抑郁症。

我很后怕：假若成功案例无法复制也就罢了，要是把孩子的健康和安全都搭进去了可怎么办？

在最合适的年纪遇见最合适的国家

做爸妈的，天性便是喜欢为孩子未雨绸缪做计划做打算，可很多时候，千万别太自作主张，留学这事儿就是如此。

有的孩子，面对陌生的世界不胆怯，而且很有好奇心，他们早一些去国外生活，相对而言阻力会小很多。而有些孩子，过早地把他们推出去，很有可能是把他们推向危险。

我想我们都被"起跑线"给吓怕了，凡事都习惯了赶早不赶晚，于是总会有一些父母不管三七二十一硬把孩子送出国，到头来，孩子一点都不开心，那样的结局，我们谁都不希望。

现在的 80 后、90 后父母，更有全球化的眼光。事实上，假如去询问教育家们，未来的教育会是怎样的，教育家们也会告诉你，未来的教育一定是更加全球化。

现在，已经有很多国外的大学有了全球游学的课程。孩子的每一堂课程都将与现实世界相关，不必再亦步亦趋地在书本和论文里学习干巴巴的知识。

那些不适合过早出国的孩子，完全可以等到他们升入大学，迈向成人的阶段后再给他们见识世界的机会。不是所有的事都宜早不宜迟，迟一些，效果或许会更好。

永远记住：没有最好的选择，只有最合适的选择。

奶茶留言板

晓野妈妈　就我个人经历来说我不赞同"送"孩子出去留学，这不应该由爸爸妈妈来替孩子做决定。等到他上大学能够有独立决断权的时候，自己选择一个想去的国家，自己决定什么时候去，学习什么样的专业。我现在会带他和一些有混血宝宝的家庭社交，让他意识到世界是多样性的，自己没什么不同，多建立一些人脉关系。

芷冉妈妈　因为我和先生都曾在法国留学，对那边的环境比较熟悉，还有朋友。我们想在孩子读初中的时候就把他送去，给他更多元化的成长环境。等他 18 岁能自理之后我希望他去到比较神秘和特别的国家看看。

琳琳妈妈　我本来打算等孩子读初中就送他去国外，去年我们让孩子去瑞士参加了夏令营，这是他一个人第一次出远门。出去之前我们担心他的自理能力，等他回来发现他虽然把自己打理得很好，但是把课本丢了，我们想想还是让他在国内再锻炼一下，等孩子上高中再把他送去国外。

大咖说

简平 著名作家、记者、制片人

　　我觉得留学是件很好的事情，中国现代史上成就煌煌伟业的那些各个领域的大师们，几乎都留过学，所以能够贯通中西；而对于我们这个国家、这个民族来说，只有贯通中西，才有可能汇入奔腾向前的世界潮流。正是在这个意义上，我既赞同留学，但也不太主张仅仅留学，而全然放弃在中国大学里的基础性学习，否则是难以达到贯通中西的。还是以那些大师们为例，他们大多是在中国读完大学之后，再去国外留学深造的，所以他们具有扎实的国学基础，因此知道可以怎样地运用西学来补充国学之不足，并打通中西融会之径。试想，一个中国人连国学都摇摇晃晃，西学就能出人头地？我真的不相信一个面对高考因没有勇气和信心而逃之夭夭的人，会在更加注重和鼓励尝试的国外大学里学得游刃有余。我曾去过美国百年老校——锡拉丘兹大学，在著名的纽豪斯公共传播学院里，亲眼目睹那些攻读硕士或博士学位的中国留学生是如何埋头苦学，孜孜以求，而在那里读大学一年级的中国留学生，则自由散漫，玩性极重，收不拢心来，他们中有人自己这样跟我说，混到一张洋文凭就可以了。像这样的留学，不去也罢。

主厨推荐

三文鱼一口食

魏瀚

活跃在生活与美食圈的
时尚偶像派厨师

推荐理由：

聚会上使用的 finger food（一口小吃），让人既能享受美味又显得优雅，如果用三文鱼来做，大家一定非常喜欢，而烹饪这道美食的人也会在派对上大受朋友们的欢迎哦。

所需食材：

三文鱼 200 克、新鲜时蔬（可以根据自己喜好选择）、法式 / 杂粮面包 1 个、油浸小番茄 100 克、奶酪 50 克、千岛酱。

制作步骤：

步骤一：将三文鱼放入烤箱，温度设置为 100 度烘烤 15 分钟（可以加少量调味盐和胡椒）。

步骤二：将熟三文鱼压散打成鱼蓉。

步骤三：加入千岛酱拌匀。

步骤四：加入切成丁的油浸小番茄、奶酪和橄榄油进行搅拌。

步骤五：将面包切小片作为托盘待用（小提示：法式长棍用橄榄油180度两面煎炸5分钟，松脆即可）。

步骤六：准备迷你时蔬色拉，选择合适的餐具装盘并加以装饰。

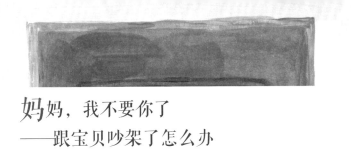

妈妈，我不要你了
——跟宝贝吵架了怎么办

所谓的父女母子一场，

只不过意味着，

你和他的缘分就是今生今世不断地在目送他的背影渐行渐远。

——龙应台《目送》

143

学会说话的同时也学会了顶嘴

小南瓜学会说话了，全家欢欣鼓舞，像是发现了新大陆，这样打比方似乎还不够，应该是发现了新宇宙。

几乎是在学会说话的同时，小南瓜还开启了一项新的功能，顶嘴。

我不是一个女王型的妈妈，但从心底里，我希望孩子可以懂规矩，至少在大多数时候，能够学会听从我的建议，毕竟在她还不太了解这个世界的时候，我才是她真正的眼睛。

那天小南瓜的外婆领她回家，临进电梯了，她忽然甩开外婆的手，跑到远处不肯进电梯，莫名地开始闹脾气。外婆站在电梯门那儿叫她快过来，没留神，被电梯门挤了一下。

我回到家知道这事儿，自然就心疼起妈妈来，便当着全家人的面问小南瓜，为什么不听外婆的话。

大概是我看上去火很大，大概我让小南瓜没面子了，她噘着嘴扭过头去不肯看我，也不说话，又被我说了几句，索性嚎啕大哭示威。我问，你差点害外婆受伤，你还哭？小南瓜气急，脱口而出："妈妈，我不要你了！"

生下你的时候，你就在离开我了

我像所有的妈妈那样，大声喊着那些固定句式，"你不要我你要谁，我生了你养了你，你反过头来不要我？"小南瓜依旧不搭理歇斯底里的我，转过身去找外婆求抱抱，趴在外婆的肩上愤愤地斜眼看我。

老公拉我进屋，安慰我不要跟小孩子置气。我当然也知道那句"妈妈，我不要你了"只是气话，可即便知道，我也还是感到心痛。

到了吃晚餐的时候，我走出房门，小南瓜跑过来抱住我，她跟我道歉，我抱起泪光闪烁的她，紧紧地搂在怀里。

我知道，她还是一个孩子，生气的时候总是没有来由又不会克制。我陪着她吃晚餐，那天她很乖，每吃几口，会故意找话题跟我说话，她是在试探我还有没有在生气。

每回生气的时候，我都会想到怀胎十月的辛苦、手术台上的疼痛，而每回我俩和好如初的时候，我又会觉得，还好，还好我们拥有彼此。但我又会想，跟女儿间的争吵，往后还是少不了的。我无法停止为她操心，她也会越来越厌倦我所带来的管束。对于此，我应该是要看开一点的。

那时我总算开始理解龙应台说的那句话，"所谓的父女母子一场，只不过意味着，你和他的缘分就是今生今世不断地在目送他的背影渐行渐远"。

让宝宝更了解你的生气指数

我总相信，母女虽然本是一体，但相处起来也是要讲策略技巧的。

我发现，很多时候我在忍耐宝宝的无理取闹时，她并不知道我在忍耐。可能在小朋友的世界里，只有一个两挡的开关，一挡是开心，一挡是愤怒。而在大人的世界里，任何的情绪都是分级别的。我得告诉她这一点，让她见好就收，免得我忽然间爆发吓坏了她。

我想到了一个很好的办法，当我有一点生气的时候，我会告诉她，妈妈现在的生气指数是瓜子；比较生气的时候，生气指数是苹果；当我快要爆发的时候，生气指数就变成了大南瓜。

把心情变成具象的物体，宝宝或许能更懂我。

有时她隔了一会儿问我："妈妈，你的生气指数降下来了吗？"听到她这样问，我忽然间又气不起来了。

想来想去，跟宝宝之间的争吵，大人其实一定会是失败的一方。

或许从气势上，大人看上去胜出了，但宝宝随口的一句气话，一句"我讨厌你""我不要你了"就能在实质上把大人"扳倒"，击穿大人的心。

我也逃不过，在小南瓜面前，我就是一颗易碎的玻璃心。不过，我倒是丝毫不羞于承认这一点，谁让我是她的妈妈呢？

晨晨妈妈　　我两个儿子都喜欢玩 iPad 游戏，我对他们玩游戏不是一刀切地对待，我跟他们商量之后达成了协议，星期一到五要做作业，不可以玩，周末每天玩半个小时。最近我和我老公工作很忙，工作日晚上回家都非常晚，八点多到家一开门发现两个孩子都很紧张，身后藏了 iPad。我说下次不要这样了，结果第二次还这样，到第三次我就爆发了，但是两个孩子相当一致地反驳我说："我们作业都写完了，你和爸爸又不回家，没人陪我们玩，我们太无聊了。"那天的战争爆发到我老公把我拖回房间给我做思想工作，我们也自我反省了一晚上，第二天下班回家我们开了四个人家庭会议，我们先跟儿子承认了自己的错误，列了四点我们失误的地方，孩子们当场就眼泪哗哗的。

萌萌妈妈　　我女儿快 9 岁了，2 岁的时候爆发第一次战争，那时候电视里放《米奇妙妙屋》，她就一集两集三集这么接着看。我很反对就说，妈妈跟你约好我们就看一集，你要违反了，妈妈就把碟片剪掉扔到门外去。她当时没什么反应就说好啊，就这样看完一集，她还要看第二集。她看第三集的时候我就生气了，我说我们可不可以不要看了，她说妈妈你让我看第二集就应该让我看第三集。我一下把碟片拿出来剪碎扔到了门外，她就大哭并在地上耍赖。

图图妈妈　　我儿子和狗狗鲁卡斯为了争夺爸爸的爱经常大战，我老公特别喜欢小动物，所以经常会偏向鲁卡斯。每次我们带儿子出去踢球，总带着鲁卡斯一起去，儿子跑不过它，经常抢不到球，最后演变成鲁卡斯和爸爸在踢，所以他很缺少存在感，觉得爸爸为什么不喜欢我喜欢鲁卡斯。有天儿子坐在那吃东西，鲁卡斯坐在旁边也想吃，我儿子就生气了，把东西全摔在鲁卡斯身上，说你为什么抢我爸爸抢我妈妈。

大咖说

林贻真 上海市妇联开心家园心理顾问

　　小南瓜和母亲的故事就那么真实地发生在我们每一个家庭，父母们自己也曾是那无数个小南瓜中的一个。幼小的他们也曾说过"妈妈，我不要你了""妈妈，我真的很讨厌你"……努力用伤妈妈的方式来发泄自己心中的委屈、无助与愤怒。因为害怕被妈妈伤害，因为害怕被妈妈抛弃，所以小南瓜们先发动进攻，先实施抛弃，以逃避那个害怕被妈妈爸爸抛弃的恐惧。

　　度过了那些明明想和母亲亲近，却又反向表达的日子，渐渐地我们好像不再有太多的交集，更像是一对熟悉的陌生人，说着熟悉客套的寒暄，不再有争吵，也不再激荡出浓浓的暖意，一切都很平静。

　　回想自己出嫁后的日子更是与母亲少有联系，直到每一次与老公激烈争吵，直到生完孩子后的那种无助，直到生活和工作把自己逼得筋疲力尽，每一刻母亲总是有求必应，那一刻的我好像又变成了那个"小南瓜"。"小南瓜"无助地蜷缩在家中的墙角，多么害怕妈妈会生气，会指责我。当手机信息响起——"女儿怎么了，不开心了吗，需要回家聊聊吗，家里的大门永远为你敞开。""妈妈对不起，让你担心了。""没事，因为我是你妈妈。"望着"妈妈"两个字，我的泪决堤了。

　　龙应台的《目送》写道："所谓父女母子一场，只不过意味着，你和他的缘分就是今生今世不断地在目送他的背影渐行渐远。"而我希望，那渐行渐远的步伐可以迈得小一点再小一点，那渐行渐远的身影可以慢一些再慢一些。妈妈，其实我从来没有不要你，从来不想伤

害你。"小南瓜"多么希望你能包容我，你可以无条件地爱我，就算
是指责我，也能让我感受到你的爱，也许你温柔的一句"下次宝宝可
以注意些细节，妈妈会更开心"就足以让我感受到你的爱。也许就像
长大了后的那句"家里的大门永远为你敞开"，那句"我是你妈妈"，
就足以让心里那个小小的我感到爱和温暖。

主厨推荐
荷叶百合饭

17。

魏瀚

活跃在生活与美食圈的
时尚偶像派厨师

推荐理由：

　　万事和为贵，百合在传统中国食物中具有和和美美的寓意，再搭配上荷叶，这道菜不仅甜蜜软糯，
更有"和气"的寓意，所以说如果吵架了，端上了这样一碗荷叶百合饭，再多的烦恼也会被解开。

所需食材：

　　荷叶、白砂糖、百合、糯米。

制作步骤：

步骤一：将糯米充分浸泡，加入糖、
百合和橄榄油均匀搅拌。

步骤二：将荷叶切成适当大小铺上糯米后包裹。
（荷叶使用前在水中浸泡至少1小时。）

步骤三：将荷叶包放
入蒸锅，蒸制2小时。

步骤四：根据个人喜
好，装饰装盘即可。

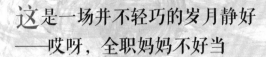

这是一场并不轻巧的岁月静好
——哎呀，全职妈妈不好当

不用辛苦上班，待在家里，岁月一片静好，
这或许是不少人对全职妈妈生活的想象。
但很可惜的是，对于全职妈妈们来说，
这种岁月静好的日子，的确只能活在她们的想象里。

153

我还能找到自己热爱的工作吗

有份德国研究人员发布的数据让我听得胆战心惊：一个全职妈妈在孩子3岁前平均要走5000公里的路。我仰天想象5000公里到底是多远，若是有喜欢玩"微信运动"的全职妈妈，想必她每天都会成为第一名吧？

因为要长期和妈妈们打交道，我询问了一些全职妈妈当初是怎么考虑的。

她们有的认为有妈妈的悉心照顾，孩子能成长得更好，有的觉得白天有更多时间可供自己自由支配，也有的家里条件足够好，不缺她这份工资。

印象中有两位妈妈的情况特别分明：一个说，做全职妈妈没有为什么，她的爱好就是带孩子；另一个说，其实是因为家庭矛盾，才不得不放弃了工作委曲求全，在家做全职妈妈的。

不做全职妈妈有可能引发家庭矛盾，做全职妈妈就没矛盾了吗？

一些妈妈告诉我，做全职妈妈可是一个高风险的工种。对于那些并非物质特别优渥的家庭来说，妻子卸下了挣钱的担子，那么这份重担就全都压在了丈夫身上。要是丈夫在工作上遭遇挫折，那么家庭的生活质量肯定会面临威胁。

她们更害怕，孩子长大会觉得自己无用，也怕老公会对自己厌烦不满，更怕自己永远都无法再找到一份热爱的工作，一辈子就只能做个老妈子。

离开工作的同时也渐渐远离这个世界的中心

当了全职妈妈以后，老公似乎就成了自己的 boss。

有些老公在公司里工作压力太大，回到家就会想要撒气，指责老婆，指责孩子。全职妈妈们大多都没办法，总有一种"理亏"的感觉。

这个时候的老公，就特别像是老板。可是，以前在公司上班的时候，要是跟老板干仗了，大不了拂袖而去，不带他玩儿了，可现在，老板是自己的老公，事情就没有那么简单了。

全职妈妈们之所以感到不安，没有自信，其实是老公的失职。

人在压力大的时候，可能不会有那么多的同理心，所以有许多丈夫会认为，妻子没有给家庭带来经济收入，就是没有贡献。可要知道，做全职妈妈的辛苦程度，并不比在外工作轻呀。

当她们辞掉工作的那一刻，她们也同时开始远离原本丰富多彩的社交圈，每天重复着雷同的家务，把一年过成一天，还是特别辛苦的一天，并且从这种辛苦中，很少能找到自我认同。

做丈夫的应该多多体谅自己的妻子。丈夫的信心来自妻子，妻子的信心同样来自丈夫。

当然，全职妈妈们也该动用自己的智慧，让丈夫也参与到孩子的生活当中，让他也感受到照顾孩子的酸甜苦辣。有了同理心，互相理解，才是解决问题的办法。

这是新生活的绝佳契机

做全职妈妈也并不是完全那么悲剧，很多全职妈妈在照顾孩子的过程中体验到了许多幸福和快乐。

我认识的一位妈妈，年轻时非常热爱文学，但是一毕业就工作了，很难得再有时间去写作。

在家照顾孩子的间隙，她开通了微信公众号，在上面时不时更新一些自己养育孩子的故事、心得，文章被很多妈妈们转发了，她也因此收获了大批粉丝。

有一回，一位同城的妈妈在公众号上联系她，邀请她去一家公益的儿童生活馆参观，当时已经有十几位妈妈加入了。她们根据自己的时间，轮流到生活馆陪伴孩子。那些孩子往往缺人照料，父母就把孩子送到生活馆。那回她尝试着去生活馆服务，感受到了莫大的乐趣。

她说，事业对于很多女性来说也特别重要，除了金钱，更多的是一份认同感。虽然她对自己是全职妈妈感到很自豪，但她也知道，很多全职妈妈还没办法更新对自己的认识，每天都忧心忡忡。那么，既然有这么多时间用来烦恼，为什么不在眼前的生活里寻找一个契机，开启自己的新事业呢？

做全职妈妈这么难的活儿都能干得来，还有什么困难是我们面对不了的吗？

看到她如此热爱自己全职妈妈的身份，我也为她感到很骄傲。

奶茶留言板

　　尼尼妈妈　　有孩子前我是一个厨房绝缘体，现在变成了煮妇。其实我做菜做得并不好，只是希望留给孩子一个妈妈的味道。

　　朵朵妈妈　　在女儿 3 岁的时候我做了全职妈妈，白天她去上幼儿园，我有了更多的时间，可以去做兼职，可以去学一些和孩子玩的方式方法。我把我和女儿玩的游戏分享在微博上，结果一夜之间上万妈妈都成了我的粉丝，跟我们一起玩，我觉得我改变了她们的生活状态。原来我只是希望我孩子的成长有价值，现在还能让更多孩子的成长有价值，这是让我很开心的一件事。

　　芯儿妈妈　　做全职妈妈给了我第二生命，在我有小孩之前和有小孩之后变化很多，而且是往好的方面变。比如说体重体形，有人说我比生之前还瘦，其实是比生之前更有风韵。我带孩子也会控制节奏，不会把全部时间都放在他身上，比如他睡着的时候我就做我自己的事。

大咖说

张思莱　原北京中医药大学附属中西医结合医院儿科主任、主任医师，原卫生部"儿童早期综合发展项目"国家级专家

女人该不该为了孩子做全职妈妈？

做全职妈妈或者做在职妈妈是每个人自己选择的不同的生活方式。我觉得这两种生活方式都要符合自己个人的条件。但是，如果你是全职妈妈，你不要跟社会脱节，一定要融入到社会中去，否则的话你的经济地位没了，再完全和社会脱节是不行的。那么作为在职妈妈，一般压力会很大。如果你是一个女强人，事业成功，而你在陪伴孩子的过程中做得不好，那也不是一个好妈妈。所以不管工作有多忙，我都建议爸爸妈妈每天抽出一到两个小时的时间去陪伴孩子。陪伴孩子不在于陪伴时间的长短，更在乎的是有质量地陪伴孩子。在陪伴的过程中建立起亲子依恋关系，因为亲子依恋关系可以影响到孩子成人后的人际关系模式。同时，在陪伴过程中更容易发现孩子特有的第一次，然后反复强化，说不定你的孩子就可能有一个特殊的才能表现出来了。

主厨推荐

18.

牛油果烤鹌鹑蛋

魏瀚

活跃在生活与美食圈的
时尚偶像派厨师

推荐理由：

　　牛油果果仁里提取的牛油果油营养丰富，含丰富的维生素 E、镁、亚油酸和必需脂肪酸，有助于
强韧细胞膜，延缓表皮细胞衰老的速度。而鹌鹑蛋更是补脑圣品，有助于宝贝们变成学霸噢。创新的
吃法让你觉得本来平淡无奇的牛油果，会给你超强的味觉体验。

所需食材：

　　牛油果、鹌鹑蛋、芝士、盐、糖、胡椒粉。

制作步骤：

步骤一：牛油果去核，加入适量盐、糖调味。

步骤二：将芝士片切块和鹌鹑蛋一同放入牛油果。

步骤三：放入烤箱，上下火 200 度烘烤 15 分钟。

步骤四：牛油果装入纸托摆盘，撒上盐和胡椒调味并装饰即可。

有你在身边，才有完满的幸福
——高龄妈妈的喜和忧

当你情不自禁地把孩子当作自己的生活时，

孩子就已经夺走了你的生活了——你的时间、事业、未来。

但如果生命中没有他的参与，

这样的人生，我们还能有底气称之为"完美"吗？

为了生娃儿乎把性命都搭进去了

有些被称为"标准"的东西，多半只代表着一个数字，一个刻度而已，因为那太难实现了。

就比如最佳的生育年龄吧。专家说，24 岁生娃是最好的，可是现在城市里 24 岁的女孩儿，别说结婚了，能谈上恋爱就挺不容易。

我生宝宝生得算是相当晚了，最新的高龄产妇分界线是 35 岁，我是 40 岁才有了小南瓜，这样来看，我是高龄产妇的事儿，应该没有什么悬念了。

对于分娩那一夜的感受，我意外地记不清了，倒是怀孕的那段记忆特别深刻。

高龄准妈妈们，大概没有一个是不惶恐的。怀孕之前我咨询了医生，吓得我都差点儿退缩了。

医生说，生下问题宝宝的概率，35 岁是 1: 800，我这种 40 岁的，是 1: 200，要是我再晚五年，到了 45 岁，那就是 1: 50 了。

我思虑再三，还是得努力生，哪怕失败也不能把这件事儿再往后拖了。

医生宽慰我，虽然年纪大了有风险，但风险是可以尽量规避的，只要妈妈的身体没有其他疾病或是并发症，怀孕过程是没有太大问题的。

我身边有朋友是个十足的体验派，哪怕年纪比较大了，生娃还是选择自然分娩。而最终，虽然在医生的安慰下我没有那么害怕了，但我还是顾虑到安全问题选择了剖腹产。

平安生下小南瓜的那一刻，我悬了十个月的心才缓缓地落了地。

高龄生娃，更吃力的事在后面

生下小南瓜我才明白，最让高龄产妇头疼的不是生不出，而是带不动。

小南瓜刚生下来的时候还勉强过得去，现在她3岁了，我抱她一会儿腰就特别酸。

自从有了小南瓜，我不再是雷厉风行的女强人，经常抱歉地向单位请假，跟同事、合作伙伴道歉，因为我得照顾小南瓜，不得不婉拒人家的邀约。

人到四十，已经要面临职业生涯最关键的阶段。我为了自己的事业奋斗了二十几年，现在，我说过的，有了娃，娃就成了妈的最高理想。可摸摸自己的真心，这二者是不能相提并论的。工作对我来说不只是为了讨生活，那是我这么多年一直没有放弃的理想。真的要为了孩子，放弃自己的一切吗？

我跟老公哭诉，自己实在是压力巨大。带孩子的时候想工作，工作的时候却又在惦记着孩子。有时气急了，我就责怪我家那位，怪他一天到晚光顾着自己清闲，也不替我分分忧。

老公憨憨一笑，对我说，亲爱的夫人，你也同情同情我吧。现在看上去我落得清闲了，等再过十几年你瞧瞧吧，那个时候孩子到了青春期，你到了更年期，亲爱的，你们俩可都不好伺候啊。

我心中茫然。原来对于高龄产妇来说，当我们谈论生娃这事儿的时候，其实要谈的还有很多。

有了宝宝，我的人生才是完整的

不过，等我冷静下来，上天再给我一次选择的机会，我可能依然会选择晚一些迎接小南瓜的到来。

也许这意味着诸多的不便与辛劳，我却依旧认为值得。

有的人很羡慕那些二十出头就结婚生子的姑娘，当孩子长大成人，自己依旧年轻，能像姐妹一样招摇过市，是一件值得羡慕的事。

可有时候我也会隐隐担心，太早地养育孩子，真的能把孩子养好吗?

在带孩子这件事上，需要的可不只是没有太多代沟的年龄差，还需要充裕的物质条件、经营生活的智慧、足够的生活阅历，以及对家庭满满的责任心。

这些东西，真的是需要时间去积累的，而现在的我，恰好都能拥有。

我倒不是说越晚生孩子越好，只要你觉得自己在各方面已经有了不错的积累，能够有把握抚养好你的宝宝，那么就不要想太多，生吧!

比何时生娃更令人担忧的，是永远都觉得自己没有准备好。

奶茶留言板

尧尧妈妈 人到了 40 岁，事业步入冲刺阶段，本来打算跟医生商量商量，能不能再推迟几年生娃。医生说，行呀，那你可想好了。等听了医生说的随着年龄增长生下问题宝宝的概率，我连忙大喊：我生！我生！

楠楠妈妈 我就是高龄妈妈，现在女儿到了青春期了，我到了更年期，我们母女俩一点小事儿就能吵得天翻地覆。就比如前几天，她参加聚会穿得太暴露，我看不惯说了她几句，她又开始跟我吵。孩子她爹崩溃了，拜托我们心疼心疼他。

希希妈妈 刚刚生完孩子，特别幸福。虽然孩子来得比较晚，但现在我的心情很平静。不需要去考虑太多物质上的东西，因为自己已经有足够的经济基础去抚养儿子。

165

大咖说

陈焱 上海交通大学医学院附属国际和平妇幼保健院妇产科主任医师

高龄孕妇告知书

亲爱的孕妇：

首先恭喜您怀孕了！在与您分享喜悦的同时，也想跟您分享一下关于高龄妊娠相关的专业知识及注意事项。而所谓的高龄妊娠是指35岁或以上的孕产妇妊娠。

由于高龄妊娠属于高危妊娠，会导致更多的母儿合并症及并发症，因此孕期需要更多相应的产前检查。而且高龄孕妇发生产时产后的风险，例如难产、产后出血等，明显增加，故更需要得到专业的关注。高龄孕妇在孕期面临的主要风险如下：

首先，胎儿的遗传学问题。高龄妊娠，母亲高龄，往往伴有父亲高龄，所以胎儿存在染色体异常的风险大，故发生流产、死产、围产儿死亡及胎儿畸形的风险也相应增大。因此，高龄孕妇早中孕期筛查方案需转至本院产前诊断中心的胎儿医学门诊进行。在产前检查过程中，对高危的孕妇增加了胎儿心超检查或必要的核磁共振等辅助检查。

其次，母体合并症方面的疾病。母亲由于年龄偏大，可能合并内外科疾病，例如原发性高血压及相关的心脑血管疾病，2型糖尿病，肾病，子宫肌瘤，卵巢囊肿，乳腺肿瘤等。因此孕前检查必不可少。孕期需要进行专科方面的定期检查与治疗。基于本院是一母婴专科医院，如果母体合并症超出本院治疗水平，需转至具有相应诊疗水平的综合性医院诊治。

最后，高龄孕妇在定期产前检查过程中可能出现一些复杂的高危妊娠状况，例如出现妊娠期高血压，子痫前期，妊娠肝内胆汁淤积，妊娠期糖尿病，围产期心肌病，胎儿宫内生长受限，胎盘早剥，前置胎盘等。如孕妇曾有剖宫产史或子宫肌瘤剥出史，则在孕期可能出现子宫破裂等。由于这些妊娠并发症起病隐匿，临床表现多样，对母儿影响至关重要，故对高龄孕妇我们定制了相应的产检流程以期早期发现，早期诊断及治疗。

　　以上这些问题可能会困扰各位高龄孕妇及其家庭，但是只要高龄妊娠的女性能够自我关注及做好产前保健工作，我们愿意用我们的专业知识为您的孕期顺利平安保驾护航。

主厨推荐 19.

桃胶木瓜盅

魏瀚

活跃在生活与美食圈的
时尚偶像派厨师

推荐理由：

　　桃胶具有清热、止渴、止痛镇痛、养颜、抗衰老的功效。木瓜鲜美兼具食疗作用，尤其对女性更
有美容功效。所以各位辣妈面对这样一份美容圣品，又怎么能拒绝呢。

所需食材：

　　桃胶 50 克、冰糖粉 50 克、木瓜 1 个。

制作步骤：

步骤一：浸泡桃胶
18 个小时以上。

步骤二：切碎桃胶加入冰糖粉，沸水煮 15~20 分钟。
提示：烹煮过程中可加入木瓜肉增强口感。

步骤三：将煮完的桃胶羹加
入木瓜容器即可食用。

单亲，不过是我们分头去寻找幸福
——单身妈妈们，你们还好吗

有位朋友说，
这辈子干过最需要勇气的事儿有两件，
第一件是生宝宝，第二件是离婚成为一名单亲妈妈。

勇敢地结束不快乐的婚姻

我问一位单亲妈妈，五年后你对生活最大的期待是什么。

她说，希望我女儿有自己的房间。

她和她的前夫曾经从事同一个行业，前夫是行业里的精英，当年她和前夫在一起，崇拜之情或许占了不小的成分。可是结婚之后，前夫却一天到晚不着家，终日在外与人应酬，混迹在夜总会和酒吧，即便女儿出生，也没有让他改变。

这样的生活，听着都让人感到辛酸又心累。实在忍不了了，就离婚吧。虽然离婚让她原本优越的生活变得拮据，但她相信靠自己打拼，终有一天能为女儿创造属于她自己的小天地。

离婚这个词虽然听着还有些刺耳，但在现在也不算是什么特别羞于启齿的字眼了。无论是我的身边，还是同事朋友提及的，都有不少的单亲家庭。

以前还有不少家长为了孩子，勉强过着有名无实的夫妻生活，维系着一家三口的假象，现在有越来越多的人渐渐懂得，幸福是永远无法伪装的。当你权衡好了利与弊，觉得自己有不错的经济基础，有办法让孩子接受单亲生活，确信离婚之后，你和你的孩子会过得更幸福，那么就勇敢地从一段不快乐的婚姻里走出来吧。也许更好的生活就在前面等你。

别因为你的憎恨，让孩子跟爸爸成为仇人

离婚后，最难过的就是前夫那一关了。

从你们领到离婚证的那一刻起，在法律上，你们不再拥有夫妻的名义，但是在生活上，又怎么可能跟前夫迅速地撇清关系？

每天在一起生活，许多细节已经丝丝入扣。你打开衣柜，发现一件他落下的衬衫，清理书橱，看到曾和他一起翻阅的那本书。而这些都不算什么，最难过的，大概就是你该怎样让你的孩子，跟一个不再是你丈夫的人相处。

如果可以，真希望可以老死不相往来，可心里又早已知道，孩子的成长，哪里能缺少亲生爸爸的参与呢？妈妈可以给孩子温暖，但孩子不能做一株温室里的花朵，他有一天要直面这个社会，而爸爸能给孩子更多的勇气，让孩子自信地走向接下来的每一步。

其实面对这种事，大可以乐观一点。我有个朋友也是单亲，每回到了固定的日子，孩子的爸爸来看望孩子，她就说笑着对孩子讲："坑爹时间又到了，你快去坑你爹吧。"

你看，这样的幽默是不是很好？孩子不会觉得跟父亲相见是多么尴尬的事，不会带着你的埋怨跟父亲相处。孩子可以自然地从父亲身上得到他成长中需要的一切，而这其实并不会影响你的新生活。何乐而不为呢？

要找的不是男朋友，而是新生活

我这朋友近来对自己感到哭笑不得："年轻的时候被妈妈催着结婚，现在，我竟然被儿子问，什么时候生孩子。"

我问她怎么回答的，她对儿子说，她得先努力去找个男朋友。

和儿子谈起这种话题，到底还是有些尴尬的。她不是没想过找个合适的男朋友，但那似乎有些难。一方面她还没有完全从上一段婚姻里走出来，另一方面，她不确定再找一个男朋友，是不是就真的比现在好。

我开导她："你也说了，是找男朋友，又不是逼着你直接谈婚论嫁，有合适的就谈谈，别因噎废食呀。"她很喜欢想很多，转眼间又想道："我也担心，万一有一天我找到一个我喜欢的男人，但是他跟儿子合不来怎么办？"

其实我觉得，继父和继子之间，如果非得要求继父像亲生父亲那样去对待继子，显然有些不公道。我这朋友也这么认为："其实，只要他能跟我儿子一起玩儿，能在生活上照顾他就行，我儿子有自己的亲爸，真正遇到了教育问题，还得亲爸负起责任来，我不会强迫我未来的丈夫去做我儿子的父亲。"

我拍拍朋友的肩。我想，她已经想得很明白了，我无需再劝她更多，唯愿跟她一样的每一位单亲妈妈，都可以遇见新的幸福生活。

174

子洋妈妈　　妈妈劝我，为了孩子的成长，还是不要离婚。那天我在房间里偷偷地哭，孩子还小，被我弄得跟着我一起哭。那一刻我忽然发现，一个不快乐的妈妈是不会有一个快乐的孩子的，我不想让他活在压抑的氛围当中，所以我还是决定要离婚独自带孩子。

彬彬妈妈　　儿子上初中了，有一天我们逛街，他忽然对我说，那个正在喝咖啡的叔叔好帅。我羞得想拉着儿子赶紧走，结果被那个喝咖啡的小哥看到了，还冲我羞涩一笑。儿子一直希望我能找到幸福，但我还没有做好准备。

康康妈妈　　每个月到了固定的日子，孩子的爸爸就会来看他。我知道他挺想爸爸的，所以我从来不会对此表现出不满，总会开玩笑说，好好敲你爸的竹杠去，然后特别自然地把孩子送到他爹手上。即便我们离婚了，我们都依然是孩子的父亲和母亲。

陈默：华东师范大学心理咨询中心特聘高级心理咨询师

邱永林：亲子·心理学家

大咖说

如何处理孩子和爸爸的见面问题

陈默：离婚以后如果爸爸在外地，那么一定叫他打电话来，电话里要和孩子说类似的话：儿子，爸爸很想你；儿子，有人欺负你吗？有你老爸在什么都不怕。爸爸的作用就是一个孩子的生理安全的保障，给到孩子，那么这个保障就有了，孩子就安心了。

孩子和爸爸在一起玩或者电话联系后的效果跟妈妈如何在孩子面前谈论爸爸有关系，离异后在孩子面前少说对方负面评价的话，不然孩子内心会有冲突，带着冲突会影响互动的效果，有的孩子和离异的爸爸一打电话就说"我不听"，很是别扭，这和妈妈的心态以及说法有关系。

孩子问爸爸在哪儿，怎么回答合适

邱永林：不要低估孩子的理解力及适应力。最有问题的处理方式是"不处理"！也就是装聋作哑，对孩子的疑问充耳不闻。要知道孩子的天性是好奇的，喜欢打破砂锅问到底。当他无法从大人那儿得到父母为何分开的满意答案，他就开始往自身寻求答案。"是不是我不够乖，所以爸爸不要我了？""是不是我学习不好，所以爸爸觉得丢脸？"总之，这些不正确的认知，都会在疑问无法被解答的情况下默默滋长。

单亲的妈妈或爸爸，其实也不必为"单亲"这个词感到自卑。在将近 20 年的亲子咨询的历程中，我发现许多单亲家庭依然可以养育出自信、独立、感恩的孩子。会走上单亲这条路，固然有千百个不足为外人道的理由。但是既然不能给孩子"形式上完整"的家庭，就努力乐观地给孩子"内容上完整"的家庭吧。

主厨推荐 20.
黄金馒头片

魏瀚

活跃在生活与美食圈的
时尚偶像派厨师

推荐理由：

馒头化身高端大气上档次的松饼式甜品，让你完全吃不出是索然无味的白馒头片，有望成为下午茶上受欢迎的人气甜品。

所需食材：

馒头 2 个、鸡蛋 4 个、奶油 150 毫升、糖 50 克、蓝莓、蜂蜜。

制作步骤：

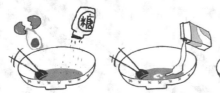

步骤一：鸡蛋与糖均匀搅拌，加入与蛋液等量的奶油充分搅拌后静置。

步骤二：馒头片切成一指宽的薄片，充分浸入蛋液。

步骤三：小火煎炸馒头片至两面金黄色。

步骤四：置入烤箱180度烹制5分钟。

步骤五：装盘加蓝莓、奶油、薄荷装饰，淋上蜂蜜。

辣妈的逆袭
——产后恢复大作战

问：生完孩子，家人走进病房第一眼看的是孩子，不是我，我心里不平衡是不是不太正常？

小荷：感到心里不平衡是再正常不过的事了。我有个闺蜜生完孩子就想离家出走了，也是因为刚生完孩子，家人进到病房里来，第一眼看望的不是辛苦生子的她，而是宝宝，这让她感到被忽视。而且，原本她想吃什么就吃什么，没想到生完孩子就丢失了"特权"，只能吃些"粗茶淡饭"，让她特别失落。

问：那这是不是家人的错？

小荷：其实在孩子出生后，丈夫、长辈对孩子妈妈的暂时性忽略也是人之常情。毕竟，对于大多数人来说，有了孩子以后，家里就是孩子最大，何况是孩子刚出生的那一阵儿呢？大家关心孩子并无过错，只是对于刚刚分娩完的母亲来说，这一切未免落差感太大。这时，家人应该多给产妇一些关心，毕竟产后的心理是非常不稳定的。生完宝宝之后，产妇跟宝宝一样，都需要得到持续的关爱和呵护。

问：宝宝出生后，他爸爸经常出差让我很生气，我是不是太情绪化了？

小荷：做了爸爸妈妈之后，夫妻俩之间的关系就得重新适应磨合了。丈夫要多多陪伴在妻子和孩子身边，尤其是刚生完的时候，无论是对于妻子，还是孩子，丈夫和父亲的角色都是必不可少的。丈夫是妻子最大的精神支柱以及安全感的来源，父亲与孩子最开始的相处也特别重要，哪怕不用真的帮什么忙，只要家里的男主人陪在身边，这本身就是一种很有力的精神支持了。

问：生完孩子重新恢复工作，时常觉得跟不上节奏，难受得想哭该怎么办？

小荷：经过了这么长时间的怀孕生产过程，你的身体、心理状态可能都还无法很快地恢复到正常的工作状态，容易焦虑，感到压力巨大。这个问题不要忽视。如果实在觉得力不从心，不如先辞职回家，从做一些在家里可以完成的兼职开始，慢慢适应工作的节奏。等到逐步走上正轨，各方面都调养好了，再去正式工作也不迟。

问：长辈坚持把小孩带回自己家抚养，说是为了让我好好休息，可我一点都不感谢他们，反倒觉得他们抢走了我的孩子，变得有些抑郁。

小荷：别说是人了，哪怕是动物，在幼崽刚生下来的时候，母亲也都是特别敏感、紧张的，如果有外人夺走孩子，都是要奋力反抗的。孩子被带离你的身边是让你抑郁的主要原因，你该跟长辈说清楚你的想法，哪怕辛苦一点，也要自己带孩子，或者让长辈住在家里，一起带孩子也可以。

问：朋友宽慰我"生了娃都是要胖的"，我是不是该认命了？

小荷：的确有很多女性同胞有这样的想法，但生娃不能成为对自己放任自流的借口啊。其实，倒不是说为了身材苗条好看，关键是，肥胖会影响到健康问题。我看到过一项随访了 15 年的研究显示，如果生娃一年后还没有恢复到孕前水平，那么往后发展成肥胖的几率超过六成！肥胖带来的各种亚健康状态，会影响到你以后的生活质量。所以减肥还是蛮必要的！

问：我们胖自己的，关别人什么事？

小荷：我的一个朋友，产后已经过去半年了，一门心思投入工作，根本没想到减肥这事儿。某天晚上，家里的座机响了，丈夫接的电话，可刚说了一句，他就换到客厅里的电话继续接听去了。于是我朋友窝在被子里开始猜想，老公该不会是外面有人了吧，那可怎么办。

然后她打算自己冷静冷静，去喝喝下午茶。坐在茶餐厅里，她看到周围的那些三口之家，有些妈妈腰间赘肉显眼，一旁的老公兀自对着手机，而妈妈们有些狂躁不知道怎么发泄，就咋咋呼呼地教训孩子。

她突然明白，一个家庭，夫妻之间，光靠孩子和爱是不够的。于是她当即去报了个瘦身班开始积极健身。为了自己，为了老公，更是为了家庭。

问：生了孩子胖了 N 斤，我想快速瘦下来，可听说瘦得太快并不好，是吗？

小荷：美国医学研究所建议产妇们，产后减肥不宜太快，每周 0.5 公斤是比较安全的。而整体恢复到孕前水平，大概需要九个月的时间，切记不要太着急，循序渐进比较好。

问：运动减肥应该是比较健康的减肥方式了，可具体该怎么运动呢？

小荷：温和的有氧运动是比较恰当的。比如每天傍晚去慢跑一会儿，饭后不要在家犯懒，拉上家人带上宝宝出去散散步。每天保持 30-45 分钟的运动量，每周 4-5 次就很好。一项有关运动方式的研究说，推着婴儿车走路对于孕妇是个不错的运动方式。

问：生完宝宝之后我变得很贪吃，控制不住自己怎么办？

小荷：爱吃是人的本性，运动的过程是比较痛苦的，逃避也是人的本性，这些都是我们要面对的问题。最好的情况就是你能给自己制订运动计划，告诉自己一定要瘦下来，一定要坚持运动。如果你的自控能力不强，就拜托家人来做你的监督员吧。当然，还可以拉上同样刚生产完的姐妹，互相监督，互相鼓励。

奶茶留言板

　　宁宁妈妈　　怀孕的时候是国宝级待遇，生孩子的时候所有人都来看我的小孩，看完了抱够了才来问问我怎么样，心理落差太大。

　　悠悠妈妈　　我怀孕的时候就跟老公沟通过，告诉他如果老公不贴心会造成产妇抑郁之类的，我老公心里也有谱了，每天下班回来都先看我再看孩子，每天早上醒来都说老婆你怎么这么好看，我越来越爱你了。像这样很注意细节，妈妈心情都会好。

　　文文妈妈　　我产后和同事吃晚餐，临出门发现所有衣服都穿不上，好不容易挑到一条牛仔裤，吃完发生了一件很尴尬的事，裤子的拉链"嗤"的一声开了，拉上又滑下来。事后我立志减肥。

大咖说

佘雅静 知名主持人

当我生好团团，快出月子的时候，体重已经快恢复到孕前。很多人会惊讶！怎么做到？

其实很简单！整个孕期，控制体重，"瘦孕"就好！团团在我怀孕 39 周后出生，在生她之前，我整个孕期增重 9 公斤，宝宝出生时体重 3 公斤多，去除羊水、胎盘，"卸货"后就还有 3 公斤肉在身上了。

很多妈妈在整个孕期增重近 20 公斤，我听到最夸张的一个妈妈，胖了近 30 公斤！天啊，到生的时候，她的体重比老公还重！不仅增加了自己的负担，对顺产也不利。其实从怀孕初期开始，我就坚持了要顺产的念头，这不仅对宝宝好，对妈妈也有利。特别是孕期的前 3 个月，宝宝都还只是葡萄般大小，这时胡吃海喝，肉都在妈妈身上，宝宝并没吸收多少。另外剖宫产毕竟是个不小的手术，而且妈妈的腹直肌撕裂，这也导致一些妈妈产后根本做不了仰卧起坐，气血的损伤比顺产更厉害。

产后如果你坚持母乳喂养，并努力亲喂，会瘦得更快。这时你的消耗非常之大，宝宝在你身上吮吸，不仅可以帮你疏通乳腺管，也加速了你的新陈代谢。我一直坚持母乳喂养团团到 11 个半月，然后自然离乳，没有回奶的痛苦。从产后 6 个月开始，每天在家做一些瑜伽练习，帮助放松、舒展紧张的肌肉，微微出汗即可。不用刻意去健身房拼命挥汗，特别是跑步，对膝盖有损伤，也会让身体产生更多自由基。另外中医认为：汗血同源。所以你流太多汗的时候也把自己的气血损伤。我看到很多妈妈产后肥胖，其实是虚胖，气虚、血虚造成，加之身体湿气太重。这时可以通过食疗来配合瘦身，少吃寒凉食物，少吃动物肝脏、烧烤食物，适当多吃素食，让身体排毒。再配合拔罐、艾灸，让身体的气血调动起来，此时每天做做无氧运动，效果更好哟！

主厨推荐 21.

黑椒魔芋粉

魏瀚

活跃在生活与美食圈的
时尚偶像派厨师

推荐理由：

　　魔芋含有葡苷聚糖，是一种高分子化合物，具有很强的吸水性，吸水后体积可膨胀 80-100 倍，具有极强的饱腹感，食后易被消化吸收。魔芋还含有可溶性膳食纤维，对抑制餐后血糖升高和便秘很有效，经常食用效果更佳。

所需食材：

　　魔芋粉 150 克、素牛肉 100 克 、辣椒适量、鸡蛋 1 个。

制作步骤：

步骤一：魔芋粉余熟，冷却待用。

步骤二：鸡蛋调味打发。

步骤三：辣椒爆香，加入黑椒酱、酱油调味，加入魔芋粉、鸡蛋翻炒。

步骤四：加上素牛肉，撒上香菜和黑胡椒，挤上柠檬汁起锅装盘即可。

188

"95后"嫩妈：朋友晒狗我晒娃
——"95后"都当妈了你知道吗

当我们怀疑嫩妈们生娃带娃不靠谱的时候，
嫩妈们其实只是换了一种顺序去经历她们的人生罢了。

在我拼事业的年纪，她已经当了妈

有一次节目现场来了一个很辣很年轻的妈妈。

谁能想到，这么个看上去刚刚大学毕业的小姑娘，竟然已经是个两个孩子的妈妈了呢？

我开始努力回想我的 20 岁是怎样度过的，那时我似乎根本就没有想过，自己会在某一天成为一个妈妈，甚至连结婚都没有考虑过。我一门心思地为工作拼着命，在那时我认为是理所应当的，而我没有想到，在我拼事业的年纪，她竟然已经早早地当了妈妈。

后来我听说，她与孩子的爸爸相识于网络游戏，见了面之后彼此觉得心意相通，很快就从网络游戏里的夫妇，结了现实中的夫妇。

我心想，这也真是够大胆的，大概时代真的是不太一样了。我怀疑是不是自己对于爱情太没有激情了，看看人家，虽然在外人看来不靠谱，但终究是为了爱情奋不顾身了。

可两人生活在一起之后发现，哦，原来真实的夫妻生活是需要柴米油盐这些很无聊却又很可怕的东西的，很自然地，两人之间摩擦加剧，即便有了孩子还是无法改变离婚的结局。

这正是我所顾虑的：在还没有懂得什么是爱的年纪就决定生娃，生完能有担当吗？

18 年后，她和女儿做姐妹

这位"95 后"的辣妈憧憬着 18 年后的情景，"那时我家宝宝长大了，而我还不到 40 岁，完全可以做姐妹呀。我们可以一起出去玩，肯定会让很多人羡慕吧。"

这种想象同样存在于我们妈妈小团体里的"95 后"妈妈们身上。我以前把她们想得太可怕了，总觉得她们带的孩子，一定特别惨，她们这些年轻妈妈一定特别不着调。可接触之后我才发现，原来她们跟我们一样，自从有了娃，出来聚会都只跟妈妈们聚；没生娃的朋友在朋友圈晒的是新手机，年轻妈妈们晒的是新买的婴儿车；出去购物，自己的东西舍不得买，孩子的东西出手非常阔绰；张口闭口聊的话题，也全都围绕着孩子……

我想，当了妈的人到底都是殊途同归的。但很快我又发现，我们还是有一些不一样。相比起我们这些熟龄妈妈对孩子的担忧、无止境的全方位保护，嫩妈们更希望让孩子变得独立，平等地跟宝宝们相处。嫩妈们说了，既然想要跟女儿做姐妹，那从现在开始就要有姐妹的样子。

她们的想法让我不禁兴奋起来，可回过头来又发现，我是没法儿像她们那样个性洒脱了，毕竟我的年龄不一样了。但我还是从心底里羡慕她们的。

人生不止一种顺序

不仅是孩子，嫩妈们对自己的未来也非常乐观。

就像嫩妈们对我说的，早生早好，"你看我生得早，毫无顾虑地坚持顺产，三天就能下床，月子里天天都洗澡，恢复得快着呢。"

这就是年轻的好处，无论发生什么事儿，都恢复得特别快。所以当我们聊到我最关心的前途问题时，嫩妈们同样胸有成竹："现在生了孩子，等过个两三年，孩子大点儿了，我就可以出去工作了。那时我的适应能力依旧很棒，就业机会也很多。"

这话是没错的，可我还是不理解，为什么不先立业再成家呢？人家说啦，"那可不一样，你想呀，等到30来岁再结婚生子，生完了我不还是得出来工作，可那个时候，我离开职场一两年，再回来就多半今日不同往昔了，我得从头再来，却又发现自己已经跟社会脱节了，那时我一定会过得特别辛苦的。"

听她这么一说，我忽然懂得，原来生活不止一种顺序。对于习惯了先立业再成家的我来说，也是头一次察觉到，换一种顺序去生活，或许会有意想不到的人生状态。看到嫩妈们把眼下的生活经营得井井有条，又对未来的自己充满信心，我总算是替她们松了一口气。

一个年轻的生命去抚养一个年幼的生命，这本就不是一件容易的事。只愿往后的日子里，妈妈们都可以过上自己喜欢的生活，无论她们遵循的是哪一种人生顺序。

奶茶留言板

琪琪妈妈　　我从小就喜欢狗狗，结婚后我老公说有养狗的时间和精力还不如直接养娃，所以我们就决定要小孩了。

飞飞妈妈　　作为女生早晚都要生孩子的，我想要顺产嘛，那就趁年轻吧。有孩子前去商场都是先看女装，顺便看看男装，有娃之后本来老公说好给我买衣服的，但是我们俩都会不由自主地去逛童装。

小柔妈妈　　我读的是医科大学，本硕博连读，大五的时候当了妈。读书阶段怀孕、生孩子是一个挑战，但想到博士毕业时孩子已三岁还是蛮有成就感的。对于早早生小孩这件事，我最大的体会是自己和女儿更像朋友，她感兴趣的东西我也喜欢。体力上也很充沛，学习、旅游、和朋友聚会，样样都不拉下。而且年轻妈妈对于孩子不那么容易焦虑或是过多关注，所以孩子能在更独立和平等的环境中成长。

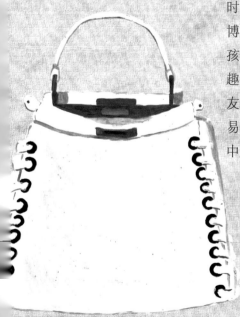

大咖说

贝贝　知名主持人

　　我不敢太劳烦年迈的父母，不到万不得已绝不说出"帮我带下孩子吧"这样的请求，所以在我们家不存在带孩子两代人观念不同而引起的冲突，在孩子问题上我父母会最大程度尊重我的意见。所以"95后"的小妈妈们，记得，孩子谁带，谁有发言权。我不敢把孩子瞬息万变的成长交由一个只因雇佣关系而与我结盟的人，所以一到小长假或是大过年，朋友圈里都在哭喊阿姨回老家的日子怎么熬过去的时候，我们家一如往常。当妈妈群里都在抱怨孩子在幼儿园一天到底干了些啥怎么问都问不出来的时候，我打开语音微信，让女儿悠悠跟各位妈妈们娓娓道来，好好汇报。所以"95后"的小妈妈们，你愿意给多少陪伴，孩子就愿意给多少信赖。有了孩子后我不敢丢了工作，但我更不敢因为工作就丢下孩子。有了孩子后我不敢再过分地扮嫩，但我更不敢放任自己太快变老。我希望趁她还小，我也未老，我们可以一起赶得上阳光正好。

　　我们终究不是葡萄酒，不是靠年份来标注的。决定我们生活走向的，不是年龄，更多的是性格个性。今天有"95后"当了妈，我更愿意相信不是因为她们是"95后"，只是因为她们想当妈，她们已然想好了，要迎接一个新的生命，也迎接自己一个新的身份。非要说这跟年代有什么关系的话，顶多也就是现今更开明的环境，给了每个人的任性更大的包容。而那些像我一样，一件事情需要花上更长时间才能想好的人呢？无论你是几零后，也不必着急，还是按着你心里的节奏，慢慢想。别人的步伐踏不出你想要的捷径，有时候我们走一段弯路，恰是因为那里也有我们想看的风景。

所以，甭管是"95 后"当了妈"00 后"成了网红，或是哪天"10后"上天摘了星，我都使劲儿鼓掌，因为每个妈都不曾忘记告诉自己的孩子，活出你想要的样子，才是最棒的自己。

　　既然这样，我决定，明天早上送女儿悠悠去幼儿园的时候，我梳两个和她一样的麻花辫，我倒想看看，会不会有别的有眼力的娃，也过来说，小悠的妈妈像姐姐。因为，和她一起再慢慢长大一次，是现在的我，最想要的样子。

主厨推荐 22。

橙汁素排骨

魏瀚

活跃在生活与美食圈的
时尚偶像派厨师

推荐理由：

90后妈妈若想要在生育之后迅速恢复魔鬼身材就一定要多吃山药。山药有增强人体免疫功能的作用，其所含胆碱和卵磷脂有助于提高人的记忆力，常食之可健身强体、延缓衰老，是人们所喜爱的保健佳品。以山药为主做成的养生食品，具有营养丰富、滋补健身、养颜美容之功效，是不可多得的健康营养美食。

所需食材：

油条2根、山药1根、橙子2个、白糖50克、水。

制作步骤：

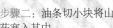

步骤二：油条切小块将山
药塞入其中。

步骤一：山药去皮切条，加入开水煮5分
钟至半透明状。

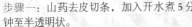   

步骤三：油入锅加热约140度后
将油条复炸后捞出待用。

步骤四：加热橙汁，加
入少许白糖、盐亦可加
入橙子果肉，烹煮收汁。

步骤五：将油条对半切
开装盘，淋上橙汁即可。

永远年轻，永远与这世界深情相拥
——无龄感妈妈

无论多么难，我都认真地工作，

无论工作多么忙，我都要去喝咖啡、看书，让自己保持优雅，

无论生活有多累，我都要睡个饱觉，一觉醒来，焕然如新生，

无论时间多么匮乏，我都要陪伴我的家人，他们的爱是我走下去的力量。

我们被"美容圣品"一次次地糊弄了

电视台的工作繁复而忙碌，常听到有人说，人在这里似乎总会老得更快一些。

我却不以为然，并且总觉得舞台让我越来越年轻。

熟悉我的人多半会知道，舞台之下，我几乎是不带妆的。

我不想给自己的皮肤增添更多负担，我总是告诉自己，真实的才是美丽的。可朋友又劝我说，化妆品不用也就罢了，保养品可不能不用，否则会老得快的。

我也吃过胶原蛋白，但总觉得效果不太明显。后来听医生说，胶原蛋白吃进身体里，是无法被搬运到皮肤上的，它并不含有全部的"必需氨基酸"，所以它其实是一种劣质的蛋白质。由此可见，平时我们常说的"多吃点猪蹄、凤爪可以美容"只是谬论罢了。

后来开始流行吃酵素，无论是上千元一瓶的奢华制造，还是亲民的家庭 DIY，女同胞们幻想着只要把这些玩意儿吃进去，就能起到十全大补丸的疗效，甚至吃了这个就可以不吃饭了。可是啊，很快又有人说，酵素基本就等于泡菜加果酒，吃进去不仅不能瘦下来，还会让人发胖，且根本不可能代替正常的饮食。

人一有了欲望，就把自己搞得很累。在真相与谎言间，我和我身边的女人们一次次感到被糊弄了。

有的人天生就被时光宠爱着

我很喜欢的一位外国女演员安妮·海瑟薇终于有宝宝了，一转眼，她也过了而立之年。

事业上没什么可挑剔的了，我更在意的是，她这么多年下来，容貌似乎都没有多少变化。

朋友说，那是因为她作品不断，一直没离开观众的视野，所以察觉不出变化，而且人家化妆化得好呀！

我想，或许的确是不再那么年轻了，可她现在的状态看起来依旧很好，尤其是有了宝宝后，当我在网上看到她晒孕照的时候，觉得她比以往更美了。

从 2006 年到 2015 年，九年的光阴滚滚而过，安妮从一开始《穿 PRADA 的女魔头》里的实习生，终于演到了《实习生》里的 boss。

她在电影里饰演一位创业型女老板，面对手下的实习生，颇有一种当年压在她头上那位"女魔头"的气派。这种角色的转变过程中，我看到的，是她一直在工作中不断地吸取养分，提升自己。

过去的二十年里，我沉醉于艺术，迷恋着我的工作。这并不单单是因为我是个工作狂，更因为在工作当中，我找到了一个最好的自己。那个自己有想法，有冲劲，对未来的生活充满了期待。在忙碌的工作中，我没空去思考生活里负面的种种，时常为了自己的一点点进步感到雀跃。

对生活的热诚是最持久的保养品

过去我还没有结婚的那些年，家里不是不催的，可我总是告诉自己，没有遇见合适的，就等等好了，急什么呢？我们不是非得结婚不可，除非是因为真的喜欢，真的相爱。

精致的生活习惯，克制的处世态度，对爱情的不懈渴求，让我的生活每一天都能拥有一些闪光点，这些闪光点会被搬运到我的皮肤上，让我神采焕发。

皮囊的鲜嫩是年轻，但我们总有一天要被皱纹围攻。真正的年轻源泉，是来自内心对于生活持续的热诚。

无论多么难，我都认真地工作，无论工作多么忙，我都要去喝咖啡、看书，让自己保持优雅，无论生活有多累，我都要睡个饱觉，一觉醒来，焕然如新生，无论时间多么匮乏，我都要陪伴我的家人，他们的爱是我走下去的力量。

青春是最好的化妆品，而对生活的热爱，是让我们延缓衰老、永葆青春的保养品。

有句话说得好，所有的幸运，都是努力而来的。我也相信这世上没有不劳而获的幸运。如果有人问我保持年轻的秘诀，我想，那大概就是因为我一直在努力地经营自己的生活。

祝你我永远年轻，永远与这世界热情相拥。

奶茶留言板

　　平平妈妈　　我女儿现在 20 岁了，连我们家小区保安都以为我们是姐妹，有天还跟我说你爸爸刚刚出去，实际是我先生。我先生在家也把我们母女当作大小女儿来养。

　　齐齐妈妈　　我有次陪我侄女去大学报到，就有她的同学问她你边上的同学是哪个班级的？我不太去健身会所，在办公室里坐久了，哪里不舒服我就动动哪里放松筋骨。

　　丹丹妈妈　　我坚持步行，我在手机里下载了一个 App，每天行走达到 1 万步它会有一个胜利的声音。

大咖说

谢丽君　资深造型师

　　如果你已经不再是 18 岁或 28 岁的年纪，度过了那些时髦且放纵不羁的岁月，稍大年纪的女人往往就需要学会严格的自我管理。那些粗壮的水桶腰、圆滚滚的脖子、肥厚的下巴肯定不会出现在一个优雅高贵的女性身上。年轻的时候，我们也许会任性，粗鲁地放纵自己的身材，穿上一些奇奇怪怪的服饰。事实上，那些也是可以被"青春"所谅解的。但是随着年华的逝去，女人的身材、体形会有很大的变化。如果少女时代的苗条身材成为昙花一现的回忆，皮肤不再像 18 岁时那般细嫩，那么你应该试图与年龄进行一次深度的谈心。

　　其实，每个阶段的女人都是美丽的，不要以为到了年逾古稀的时候就可以不在乎自己的外在形象，自我放弃。适当地学会自我管理，控制体形，呵护肌肤，精心地打扮也是十分必要的。上了年纪的女人，美丽会在行为举止间趋向柔和，如同舒缓的乐章，主题是谦和，品位是高尚。而那些聪慧的女性往往能正视自己的年龄，积极上进。她们静观时尚潮流，塑造自己得体的外在形象，且信守不懈。38 岁的时候过着 28 岁的日子，48 岁时又活成 38 岁的模样。这是一种无龄化、逆生长的新生活模式，成熟的美丽被展现得淋漓尽致。拥有一颗赤子之心，保持对生活的无限热忱。喜欢生命的每个状态，享受生活的每一分每一秒。或许，年龄赋予女人更多的便是生命自我的返璞归真。

主厨推荐 23。
深海大馄饨

魏瀚

活跃在生活与美食圈的
时尚偶像派厨师

推荐理由:

深海产品含有大量维生素和脑黄金 DHA,口感保留传统荠菜大馄饨的丰富,但是又多一丝清淡
的鱼肉醇香,加上干拌的做法,小朋友一定会特别喜爱。

所需食材:

三文鱼 100 克、鳕鱼 100 克、荠菜 100 克、馄饨皮、葱姜末、香油。

制作步骤:

步骤一:将三文鱼和鳕鱼剁成泥,加入盐葱姜末调味拌成肉馅。

步骤二:荠菜焯水切末,加入鱼泥中搅拌(滴入香油可使口感更香浓),包成馄饨。

步骤三:黑芝麻酱、酱油、香油,加水搅拌成蘸料。

亲爱的，你的脸怎么黄了
——当妈后我成了黄脸婆

"天王盖地虎，宝塔镇河妖。"

脸怎么黄了？不是防冷涂的蜡，全是因为当了妈。

脸怎么又红了？当妈之后精神不再焕发，被人称作"黄脸婆"，

想想就脸红！

209

抓狂的"黄脸婆"

那天，很偶然地，我"旁听"到一段对话，她们是在说我的一位好闺蜜：

"你看她，以前满脸春风，一颗痘痘也没有，可现在都成啥样子了，一脸蜡黄，皱皮疙瘩，看上去像个老太婆啦！"

这话怎么说的？太难听了！我都想哭了。我这闺蜜可是大美人，皮肤白皙细嫩是出了名的。只不过了孩子后，每天围着孩子转，一刻也不消停，忙得根本没空打理自己，哪还有时间保养皮肤。说实话，讲她变成"黄脸婆"有点过分，不过，她的那张白皙细嫩的脸每况愈下，也是事实。

这么想着，我突然摸了摸自己的脸。我知道做妈妈的辛苦，现在为了小南瓜，我也很少打理自己的这张脸了。有时候，想自己做个面膜敷贴，才拿出来，就会被小南瓜抢了去，不是被她扔掉，说她不愿看到我成为《白雪公主》里的女巫婆，就是贴在她自己的脸上扮妖怪来吓唬我。我也懒得跟她争，因为这时候我已经累得打起瞌睡了。可这样下去，有一天，我是不是也会被别人这样议论，是不是也会早早地成了一个"黄脸婆"？这么一想，可是心惊肉跳，眼泪都要流下来了。

要晒娃，也晒妈

当妈之前，有时，我也蛮烦有人老在朋友圈里晒娃的，心想，这干吗呢，不就是瘌痢头儿子自己的好嘛。可是，自己当妈之后，却发现有一天也会沦陷其中，冒着被拉黑的风险肆无忌惮地晒娃。

细细想来，这般的晒娃不就是彰显自己的成就感嘛。

的确，当妈的也太不容易了。你想想，难得地在下午五点前结束工作，我去超市买菜，想晚上给小南瓜做个芙蓉蛋吃。她最近有点厌食，但她喜欢吃芙蓉蛋。这些天，她爸出差去了，她的爷爷奶奶也出去旅游了，我把能排开的工作统统排开，清早唤女儿起床，做早饭，送她去幼儿园；下午回来做饭；晚上陪她看她喜欢的动画片，坐在床头给她讲晚安故事。等她睡了，我反倒是睡不着了，坐在阳台上看不到一颗星星，却又觉得累得满眼冒金星。

但是，此时已入梦乡的孩子是多么美丽啊，宛如天使。于是，成就感油然而生，情不自禁地"咔嚓"一下，发上了朋友圈。

其实，真的也是应该既晒娃，也晒妈的，不然人家还以为我的孩子都是由别人带大的呢。晒娃时，我可以让自己的宝宝就像电视广告里的小朋友一样，每一根头发丝儿都在发光，但我真的要晒自己时，就会发现自己也得容光焕发，神采奕奕。当妈的与孩子是"共荣体"，红扑扑的娃儿黄脸妈，将来连孩子看了都不会愿意。

疼爱自己是一辈子的事

　　说到底，我觉得孩子的出生不仅是父母生命的延续，同时也是父母人生的再建和重塑。当妈的自然可以为儿女做出最大的牺牲，但是，有一点还是应该记住的——那就是作为一个独立的人，不能因为任何理由而把自己给打发了，那不是一个完整生命的选择。所以，如果女人疼爱孩子是一辈子的事，那么，同样，疼爱自己也是一辈子的事，应该明白孩子不等于是你的全部生活。其实，让自己永远保持鲜亮的光彩，那也是你的孩子、你的先生乐意看到的，我不相信他们会同意为了养娃，当妈的可以把自己弄得邋里邋遢，毫无精神，成为一个黄脸婆。

　　那回我们录完节目去吃烧烤，看见电视里正播着一档节目，所有的人都在谴责那个抛弃贤妻的男人。我顺嘴吐槽一句："这男人不咋的，老婆给你把家里操持得妥妥当当，孩子照顾得那么好，你还不知好歹翻脸不认人。"旁边的男同事说："也不能这么说，其实那个女人的确是个好妈妈，但是吧，她也太粗糙了，没有女人的味道。"

　　我仿佛豁然明白了。谁说不是呢，你漂亮了，你的生活才会漂亮。你有优雅的体态、精神的颜面，孩子才能从你这里懂得生活，懂得美。当然，也包括你的先生。

奶茶留言板

　　冰冰妈妈　　我女儿刚刚牙牙学语的时候我带她去外面的海洋球世界玩，旁边一个外婆一直在打量我，过了一会来跟我搭讪说，你这样把小孩带出来他们家长放心的呀。我云里雾里说放心的呀，多聊了几句我才搞明白她竟然以为我是她的保姆。我的内心好崩溃呀。

　　冬冬妈妈　　有孩子前就我和老公两个人，家里基本不开伙，也没什么其他家务，有了孩子以后都围着他转，给他准备吃的喝的，洗衣服什么的，每天他还没睡着我就昏昏欲睡了，哪顾得上敷面膜啊。

　　亮亮妈妈　　女人的自我催眠很重要，我会每天对着镜子说："镜子镜子，谁是最美丽的女人？坚决不当黄脸婆。"然后我就容光焕发出门去。

大咖说

张芳　知名主持人

"黄脸婆"这个词在我的生活中是被自动屏蔽的,虽然经常在节目里自嘲是老年人,但黄脸婆是绝对不允许的,想知道我是如何抗击黄脸婆的吗?诚意献上掏心窝攻略一份!

1. 必须买买买。什么断舍离?珠宝、护肤品、衣服、包包必须每年添置啊,当然要舍去那些图便宜买的蹩脚货,购入那些提升品位或者有保值意义的物件,给自己每年一个购物规划,要知道,爱美的女人肯定不可能是黄脸婆!

2. 保持性感的身材。虽然对于易胖体质的我来说,从 20 岁以后就陷入减肥的困扰,但我从未放弃过,从节食、减肥药到针灸、代餐到现在的运动,我越来越享受这种管理自己身材的方式,深蹲练翘臀,器械练背肌胸肌,打拳是很好的减肥有氧运动,什么流行什么有效,我都要尝试,纸片人这辈子就算了,但一周两到三次的锻炼,一定会让女人保持状态,提高代谢率,我就不信有健美的身材,还会有人说你是黄脸婆(偷笑,偷笑)。

3. 好好善待自己的这张脸。坦白地说由于胆小,至今没敢往自己脸上动刀,但面膜,提拉面部的各种神器坚持用,一周两次补水的功课不能省啊!让皱纹、斑点尽量再晚些来!

4. 永远绞尽脑汁和老公谈恋爱。我喜欢被爱和爱别人的感觉,我不能容忍生活毫无激情,所以每年会策划二人世界的旅行,平时会安排二人电影、二人啤酒、二人咖啡等,无数次要求对方一起回忆刚刚认识的我们是怎样的,那种少女般的激动不停地迸发,哪还有黄脸婆的机会啊！

5. 一定要关注流行。我会每天翻阅一些时尚的杂志或者自媒体，看现在的流行趋势，关注经典的和热播的电视剧，看大家都在关注喜欢讨论什么，永远不要让大家觉得你是一个被淘汰和被嫌弃的人！

6. 生娃之后千万别以为你所有的生活就是孩子啦。她长大会离开你的，她是独立的个体，自己该享受生活的时候就别纠结有没有陪孩子啦，洒脱点，绝对抗氧化！

7. 也是要奉劝所有女人的制胜法宝，像林志玲学习，永远不要忘记怎么撒娇。跟闺蜜、老公、同事都可以撒娇，当然请注意分寸，撒得好，别人会宠你，撒得不好，就等着人家拿塑料袋吐吧！懂得示弱绝对会让你看上去更可爱！总之，一个女人有一颗纯真、善良的心，保持美好的笑容、聪明的眼神、健美的身材，拥有善解人意的特质和小资自由的生活状态，那黄脸婆就会离你远远的。

让我扛起抗击黄脸婆的这面大旗，意气风发地继续前行吧！大家要加入吗？

主厨推荐 24.

无油牛肉饭

魏瀚

活跃在生活与美食圈的
时尚偶像派厨师

推荐理由：

　　摄入的油脂中有一部分会通过皮肤被人体吸收，所以降低餐食中的油炸食物比重，会更加健康。
借鉴到日本牛肉饭的做法，口味清淡但是牛肉香味十足，不仅小朋友吃好，您吃也好。

所需食材：

　　洋葱半个、豌豆 50 克、牛肉片 150 克、味噌 20 克。

制作步骤：

步骤一：洋葱豌豆焯水。
小提示：加入玉米青菜叶等蔬菜会更健康。

步骤二：牛肉余熟待用。

步骤三：味噌溶水调匀，加入少许白糖
及牛肉烹煮。

步骤四：将牛肉洋葱等配料装盘即可。

216

每一个柔软的念头都让生活闪闪发光
——文艺范儿亲子生活

这些柔软的、梦幻的念头，
让一天天看似平凡无奇的生活变得不一样。
文艺不是什么高冷的词汇，
它的存在，终该是让我们的生活变得更可爱，
更令人心动难忘。

218

文艺不必装，它是让生活更美好的力量

昆明真是一座花园里的城市。

昆明机场门口就有许多卖花的人，他们大多是老人，篮子里盛满了各种我叫不出名字的鲜花，一朵朵娇嫩欲滴。仿佛自从那次我因为公务出差去昆明，那些花就被种进了我的记忆里。

我蹲在路边选花，那天我刚好也穿着一条印着花的裙子。卖花的老奶奶夸我的裙子好美，我冲老奶奶甜甜地笑。那时，在昆明的天高云淡下，蹲在路边手捧鲜花的我，就像是重返 15 岁的少女，我能感觉到我的身体在发光。

工作间隙，我买了许多花，之后又独自去了丽江。丽江有不少别致的小客栈，我找了一家最好看的，登记入住。房间里是纯净的白，就跟窗外的云一样。一走进屋里，我就把鲜花撒在了床上，制造一场属于我自己的浪漫。

后来，我去泸沽湖边散步，头上顶着花环。

面对大自然的美景，我并没有心事可以去想，也有可能是因为大自然的美景让我目不暇接，所以没有工夫去烦恼。

直到离开丽江之后，我才意识到自己做了一件多么文艺范儿的事，可是在丽江时我是没有察觉的。我想，文艺范儿从来不需要去伪装，那原本就是发自我内心对生活的渴求。

文艺不必装，文艺是让生活更美好的力量。

富有"小心思"的孩子，会有更精致的生活

说起鲜花，记得在我上小学的时候，爸爸回到家对我说："隔壁那个小姐姐真有小心思呀。"

在大家都还不太懂事的时候，小姐姐在妈妈生日那天给妈妈准备了鲜花。

所谓的文艺范儿，在我看来，就是爸爸口中的那些"小心思"吧。

闲暇时，我时常带小南瓜去咖啡厅。她坐在我的对面喝果汁，我则喝咖啡。她是个容易安静下来的孩子，我喜欢跟她一起看着窗外的风景。

她还很小，不认识几个字，我就买来可爱的绘本，陪着她，讲上面的故事给她听。

渐渐地，她也爱上了跟我一起分享故事的时光。我们母女俩经常坐在窗前，吃着小点心，讲着故事。那样的时光在我眼里就特别文艺。

"小心思"丰富的孩子，总是能把自己的生活经营得特别精致。小南瓜总是会把自己的小裙子、小帽子摆放得整整齐齐。去台湾玩的那次，我和小南瓜看到有人用丙烯颜料在石头上作画，小南瓜觉得好美，也想要亲自动手试试看。

我们手拉手去海边挑选石头。小南瓜在石头上画下了她和我。我一直把那块女儿送给我的石头摆在床头。这些满含爱意的生活细节，这些看似微不足道的小心思，就是我所理解的文艺范儿了。

文艺范儿是我们给予孩子的最佳礼物

那回去台湾，我们是去做采访的，有一位妈妈让我记忆特别深刻。

我们在她的家里看到一本影集，翻开来，可以看到她女儿出生时的照片、第一次睁开眼睛的照片等，旁边还附上了优美的文字，一看就是妈妈带着满满的爱意制作而成的。

她拿出一只小魔方给我们看。魔方的每一面都贴上了母女俩的合影，还有女儿亲手写上的温暖话语。

她说，这是女儿自己做好送给她的。收到这份礼物的时候，她快乐得忍不住流泪。听完她们母女的故事，我想，文艺范儿这种美好的力量，是可以在亲子之间传承的。

我们都希望自己的孩子能热爱生活，但热爱生活这四个字太空了，用文艺范儿来解释它或许更为接地气。一对把生活中每一个小细节都经营得很有格调、很细腻的文艺范儿父母，多半也会有一个文艺范儿的孩子。

孩子会在这些看似不经意的小细节里，渐渐懂得热爱生活的真谛。

文艺范儿不是什么高冷的词汇。它是昆明夏日的花，是台湾圆滚滚的石头，是爱的纪念册，也是我们和孩子之间相处过的每一寸温暖的时光。

奶茶留言板

　　点点妈妈　　女儿 1 岁多的时候我们去了丹麦。每年 4 月在丹麦有一个全球最大的儿童艺术节，在丹麦一个很小的小镇上举行，我们发现了亲子剧。小孩看着有小孩的角度，大人也很享受，不会觉得幼稚。我们在丹麦待了两周的时间，我女儿终于找到了她自己喜欢的剧。孩子是最诚实的观众，她比我更挑剔，她能看中的戏在我看来非常非常好，从艺术形式和专业角度上都是非常牛掰的戏了。带上她是非常好的辅助，她会全神贯注地看完，并给我很多的意见。我们挑戏的时候往往会习惯用大人的思维和角度去判断这个戏适不适合孩子，但是带孩子去现场，看见她的表现就知道了小孩是不是喜欢。我们所选的剧目完全打开了孩子想象的空间，让他们在里面天马行空。

　　毛毛妈妈　　我喜欢古旧的东西。某一天我想做一个古董首饰盒的展览，一个小小的空间，这个空间承载了很多女生的梦想，也是留给我女儿的文艺的小小传承。

　　欣欣妈妈　　我女儿 3 岁不到的时候我带她去听维也纳男童合唱团，想让她去熏陶一下，结果我女儿指着人家说，妈妈，企鹅。平时我会和我女儿编故事，或者我念诗她在边上插科打诨，这是我们的文艺时刻。

大咖说

吕玫　知名作家

不做文艺青年很久了，上学的时候，穿过丝绸的灯笼裤去学校，白色的裙子会手绘上竹子和兰花，把外婆的印度绸裤子当成宝贝穿了一个夏天，得到的评价是：这孩子朴素，老人家的旧衣服也不嫌弃。

俱往矣。

身上没有半两多余脂肪的年月，瞎胡闹就是文艺范儿。自从做了妈妈，哪儿哪儿都是赘肉，稍不加修饰，就显得憔悴臃肿，内心再也无法强大到靠文艺范三个字来粉饰太平了。

幸好，还有一颗关注细节的矫情的心，一般人看起来稀松平常的事情，换个角度去看，自我享受和满足，不就是文艺的态度吗？既然是范儿，就不是某个物件可以表达的，是一种气场，妈妈用体贴入微的敏感去关注生活，在尘埃一样的生活里为孩子打造出小小的心灵花园，那种不拘世俗的强大气场，为孩子的爱与梦想护航，的确是一种范儿！

某天，孩子对我说，妈妈，我把你放在我的心里了，这样就可以带着你到处去了，我还给你放了些家具和书在我的心里，这样你就不会寂寞和无聊了。

当时的我，正在为他没能考上民办小学而懊恼，纠结焦虑的生活瞬间被这句话点亮了，青春岁月时那有范儿的文艺的我，一瞬间穿越了回来。为孩子这样的话语感到幸福，容忍他在静好的岁月里自己长大，文艺的生活，就是要有这种洒脱的气度，不想未来，不计较得失，让他像他自己一样地长大，不然，算不上一个文艺范儿的妈妈。

主厨推荐 25.

手工 QQ 糖

魏瀚

活跃在生活与美食圈的
时尚偶像派厨师

推荐理由：

　　总是担心外面的 QQ 糖里面的糖精和色素超标，如果想要在家里凸显文艺范儿，和更多心灵手巧的主题，手工 QQ 糖绝对是您最好的选择。不仅可以做出无色素的 QQ 糖，还可以定制各种"文艺"的形状。

所需食材：

　　西柚汁、橙汁、吉利丁粉、冰糖粉。

制作步骤：

步骤一：将西柚汁、橙汁混合，小火煮开并加入冰糖粉搅拌。

步骤二：按照果汁与粉10：1的比例加入吉利丁粉，充分搅拌按压。

步骤三：根据个人喜好加入天然食用色素。

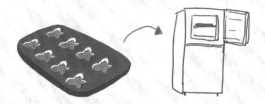

步骤四：将液体浇入模具放入冰箱冷冻 3-4 小时。

步骤五：砧板撒上椰蓉防止粘连，倒扣将糖脱出模具。

特别感谢

文字统筹：范承祥

节目整理：沈腾飞　龚韵宜

特约编辑：夏川山

摄影支持：